뇌와 가상

뇌와 가상

모기 겐이치로 지음 | 손성애 옮김

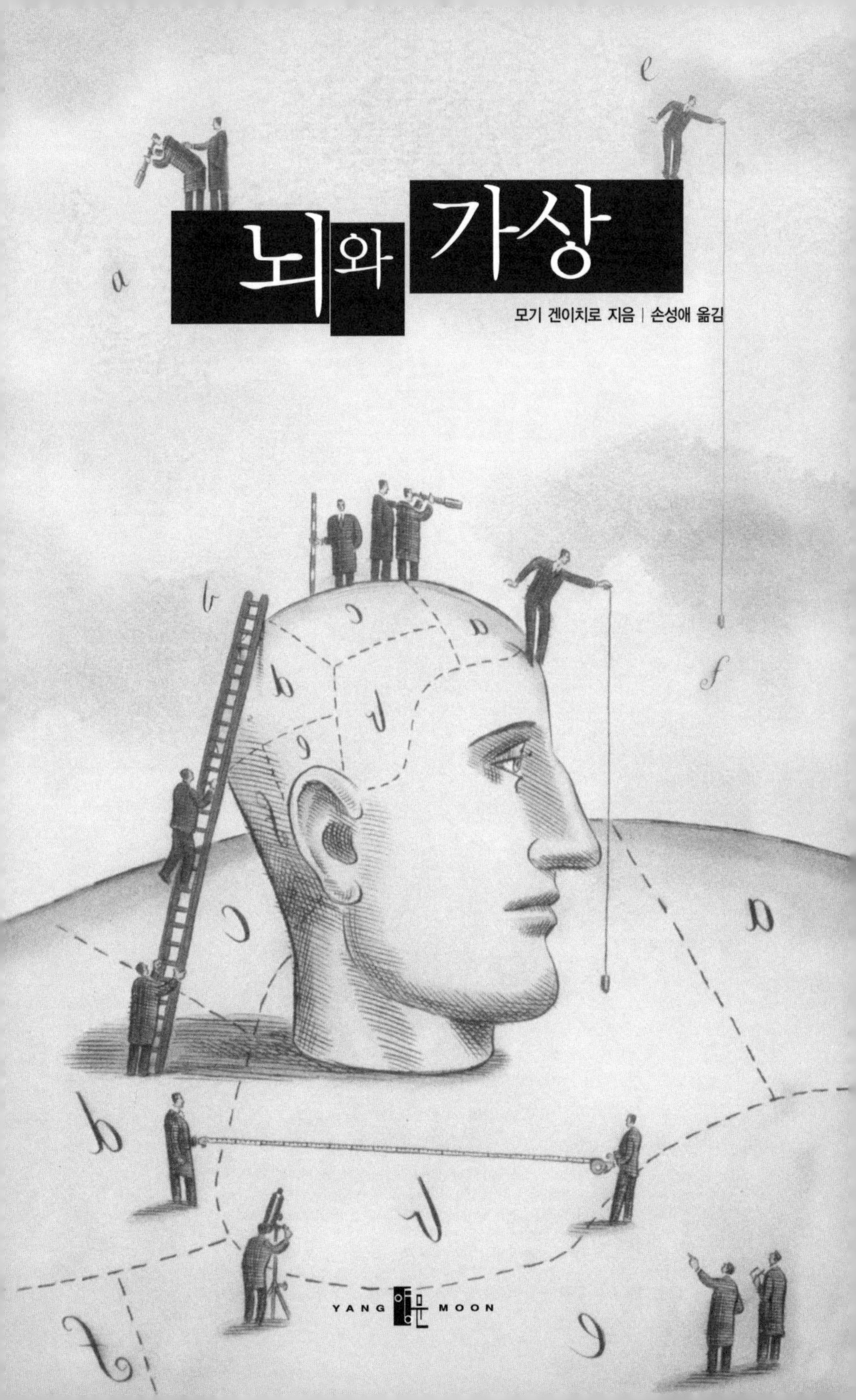

NO TO KASO
by
MOGI Kenichiro

Copyright ⓒ 2004 MOGI Kenichiro
All rights reserved.

Originally published in Japan by SHINCHOSHA, Tokyo.
Korean translation rights arranged with SHINCHOSHA, Japan
through THE SAKAI AGENCY and B&B AGENCY.

본 저작물의 한국어판 저작권은 B&B AGENCY를 통해
신조사와의 독점계약으로 (주)양문에 있습니다.
저작권법에 의한 한국 내에서 보호를 받는 저작물이므로 무단전재와 무단복제를 금합니다.

머리말 | 산타클로스는 존재하는가?

2001년이 저물어갈 무렵 하네다공항에서 있었던 일이다. 여행을 마치고 아침 일찍 비행기에서 내린 나는 식당에서 카레라이스를 먹고 있었다. 바로 옆자리에서 가족과 함께 밥을 먹던 다섯 살 정도의 여자아이가 동생에게 말을 걸었다.

"있잖아, 니 생각에는 산타클로스가 있을 거 같아 없을 거 같아?"

그리고서 잠시 생각에 잠겼던 여자아이는 산타클로스에 대한 자신의 생각을 말하기 시작했다.

"내 생각에는 말이야……."

이야기가 소음에 묻히면서 더 이상 아이들의 말이 들리지 않게 되자 나는 수저를 내려놓고 곰곰이 생각해 보았다.

"산타클로스는 존재하는가?"

이 세상에 이보다 중요한 물음은 존재하지 않을 것이라는 생각이 불현듯 뇌리를 스쳤다. 퀄리아라는 문제를 만나, 뇌에서 마음이 어떻게 만들어지는가에 대한 수수께끼에 매달린 지 벌써 7년째에 접어들고 있었다.

　산타클로스가 다섯 살짜리 여자아이에게 주는 느낌은 가상(假想)이라는 절실함이다. 즉 산타클로스는 가상으로밖에 존재하지 않는다. 설령 그의 실존을 증명하기 위해, 빨간 옷을 입고 흰 수염이 달린 뚱뚱한 남자가 내 눈앞에 나타났다 하더라도 난 썰렁하게 웃어넘겼을 것이다.

　다섯 살짜리 여자아이도 마찬가지다. 아이 역시 산타클로스가 절대로 눈앞에 모습을 나타내지 않는다는 것쯤은 알고 있을 것이다. 산타클로스는 절대로 '지금, 여기'에 나타나지 않는다. 눈앞에 보이는 빨간 사과는 살아 숨 쉬는 선명한 질감으로 체험할 수 있지만 산타클로스는 절대로 그렇게 체험을 할 수 없다. 그럼에도 산타클로스는 다섯 살짜리 여자아이뿐만 아니라 우리 모두에게 있어서도 절실한 존재다.

　가상세계 속의 산타클로스는 보일 듯 보이지 않는 모습을 하고 있다. 그러나 크건 작건 현실세계에서 만나는 산타클로스 비슷한 모습에 영향을 받고 있는 우리의 의식은, 그 본질을 알아차리지 못하고 그저 모호한 존재로서의 산타클로스를 알고 느낄 뿐이다. 어쩌면 산타클로스는 그렇게 아리송한 존재이기 때문에 다섯 살짜리 여자아이에게 그리고 우리 어른들에게도 그만큼 절실한 존재인지 모른다.

　우리는 뇌 활동을 통해 가상을 만들어낸다. "어떤 인간도 혼자 사는 섬이 될 수 없다"는 영어 속담처럼 우리의 뇌는 서로에게 영향을 미치며 발달한다. 우리는 언어를 이용하여 의사소통을 하고, 세대를 초월하여 서로에게 공통된 세상을 바라보는 방법을 문화라는 형태로 전달해 나간다. 진화의 과정에서 어떤 생명체가 다음 시대 생명체의 원형이 되는 것처럼 한 시대의 가상은 다음 시대 가상의 원인이 된다.

일본인이 '반딧불'이라는 단어에서 연상하는 가상은 미국인이 'firefly'에서 연상하는 가상과는 다를 것이다. 일본어로 이야기하는 사람들의 문화권에서 오랫동안 이어져 내려온 '반딧불'을 둘러싼 가상의 계보가, 오늘날 우리가 '반딧불'이라는 말에서 느끼는 가상의 질을 결정한다. 이 계보 속에는 이즈미 시키부의 시가 있을 것이며, 이름 모를 청춘남녀들의 한숨도 있을 것이다. 그렇게 정신이 아득해질 정도로 수많은 계보가 축적된 결과, 오늘날 우리가 '반딧불'이라는 단어에서 느끼는 애절하면서도 몽환적인 가상이 성립되었다.

산타클로스 역시 마찬가지다. 유럽에서 산타클로스를 받아들이면서 일본인 특유의 무언가가 덧붙여져 현대 일본의 산타클로스라는 가상이 만들어졌다. "산타클로스가 있을 것 같아 없을 것 같아?"라고 동생에게 묻던 다섯 살짜리 여자아이의 호기심 어린 눈동자에 그 가상이 어린다. 산타클로스라는 가상을 만들어낸 종교적·문화적·역사적 우연을 이어받으며 현대를 살아가는 우리들 또한 가상의 계보 속에서 연결되어 산타클로스를 꿈꾸고 있다. 산타클로스는 어린이용 판타지로 간단하게 취급해버릴 문제가 아니다. 우리의 마음속에 드러나는 산타클로스라는 가상은 언젠가는 죽음을 맞이해야 할 우리가 삶 속에서 잊어서는 안 될 무엇인가를 가지고 있다.

산타클로스는 존재하는가?

이 물음에 어떤 대답이 가능할까?

한 해가 저무는 공항에서 우연히 듣게 된 여자아이의 작은 속삭임을 계기로, 나는 가상이 인간에게 미치는 의미를 다시 한 번 철저하게 파헤쳐보기로 했다.
우리가 '현실과 가상'이라고 부르는 것들의 최초 성립에 대해 생각함으로써 의식을 가진 신비로운 존재로서 이 세상에 내려온 나의 삶을 다시 한번 되돌아보며 스스로의 삶의 양식으로 삼고자 하는 것이다.

차 례

머리말 | 산타클로스는 존재하는가? · 5

1. 마음이란 무엇인가 · 11
2. 가상의 절실함 · 37
3. 삶과 가상 · 59
4. 안전기지로서의 현실 · 79
5. 새로운 가상세계 탐구하기 · 103
6. 타인이라는 가상 · 129
7. 기억나지 않는 기억 · 151
8. 가상의 계보 · 171
9. 영혼이란 무엇인가 · 187

후기 | 현실의 한계 너머 펼쳐진 가상세계 · 201
옮긴이의 글 | 우리는 뇌가 만들어내는 가상 속에 살아간다 · 205

1. 마음이란 무엇인가

고바야시 히데오와의 만남

내가 처음 고바야시 히데오(小林秀雄)[1]를 만난 것은 1999년 여름이었던 것으로 기억된다. "평소에 고바야시 히데오의 강연을 애청하고 있다"는 어떤 사람의 글을 읽은 후, 또 다른 사람이 그의 강연을 입에 침이 마르도록 칭찬하는 글을 읽고 나도 한번 들어봐야겠다는 생각이 들었다.

그 당시만 해도 나는 고바야시 히데오를, 학창시절에 읽었던 《생각하는 힌트》, 《모차르트》, 《무상(無常)이란 무엇인가》의 저자이자 유명한 평론가 정도로만 알고 있었다. 무엇보다도 그를 읽는 것이, 수많은 문제를 안고 살아가는 현대사회에서 그렇게 긴급한 일이라고 생각하지 않았다. 그는 나에게 가까운 사람도 아니며 현실적인 사람도 아닌, 그저 단순한 '과거의 사람'이었을 뿐이었다.

하지만 그의 강연테이프를 들은 순간 생각이 바뀌어버렸다. 특히 〈현대사상에 대하여〉와 〈믿음과 생각〉이라는 강연을 들은 후 그는 순식간에 나와 가장 가까운 사람이 되었으며, 마침내 내가 내 멋대로 '동지'라고 생각할 만큼 존재감을 갖게 되었다. 어두운 밤길을 걸으면서, 또는 자동차를 운전하면서 몇 번이고 그의 강연을 되풀이해 들었다. 들을 때마다 고바야시의 말이 가슴 깊이 새겨졌다. 뜻하지 않은 장소에서 평생의 연인을 만난 것 같은 참으로 예상치 못한 만남이었다.

왜 고바야시의 강연이 그토록 충격적이었던 것일까?

처음에 나는 고바야시 히데오를 지겹고 까다로운 노인쯤으로 상상했다. 하지만 녹음테이프를 통해 만난 그는 예상과는 달리 카랑카랑하고 빠른 어조의 열정적인 사람이었다. 그의 문장이 군더더기 없이 치밀하게 잘 다듬어진 글인 데 비해 테이프 속의 고바야시는 오히려 즉흥적이면서도 거칠고 대범했다. 마치 선술집에서 술꾼과 토론하고 있는 것 같은 기분이 들 정도로 호방한 그의 성품에 난 강하게 끌렸다.

플라톤은 "글로 쓰는 말은 대화에 못 미친다"고 말했다. 표현하는 사람으로서 고바야시 히데오의 업적의 진수는, 역시 문자로 정착된 작품에 있다는 것이 일반적인 생각일 것이다. 하지만 플라톤의 지적처럼 대화에는 독특한 힘이 있다. 생생하면서도 현장감 넘치는 육성을 통해 비로소 전해지는 고바야시라는 인물의 영혼과도 같은, 좀더 적절한 말을 찾는다면 그 사람의 됨됨이가 느껴지는 그런 어떤 것이 있는 것 같았다.
　고바야시의 어조에서 느껴지는 의외성의 좀더 깊숙한 곳에 더 크고 본질적인 충격이 나를 기다리고 있었다. 그리고 바로 그것으로 인해 고바야시의 강연테이프는 단순히 마음에 드는 수준을 넘어, 무엇과도 바꿀 수 없는 삶의 소중한 보물이 되었다. 고바야시가 남긴 문장과 똑같은 비중을 가진 이 강연테이프들은 언젠가 후세에 큰 영향을 미칠지도 모른다.
　일련의 강연에서 고바야시는 강박에 사로잡힌 듯 어떤 문제에 대해 되풀이해 이야기했다. 지금 생각하면 그때 고바야시가 다룬 문제는, 현대 인류가 직면한 가장 심각한 지적(知的) 문제 중 하나이자 오늘날 우리의 세계관 속에 텅 빈 커다란 구멍이었다. 무엇보다도 그것은 지난 10여 년간 내가 고민하고 사색했던 문제이기도 했다. 이 문제에 대해 고바야시가 그토록 진지하고 철두철미하게 생각했으리라고는 꿈에도 생각하지 못했다. 도저히 잊을 수 없는 연인에 대해 이야기하듯, 나에게 그토록 절실했던 그 문제에 대해 고바야시 역시 강연에서 몇 번이고 언급하며 빠져들고 있었다.
　고바야시가 그토록 사로잡혀 있던 문제는 '어떻게 해서 물질에 지나지 않는 뇌에 수많은 주체적 체험으로 가득 찬 우리의 마음이 깃드는 것일까' 라는 이른바 '심뇌(心惱) 문제'였다.

마음이란 무엇인가　13

과학적 세계관

〈믿음과 생각〉을 비롯한 일련의 강연에서 고바야시는 깡마른 몸으로 탄력 있는 목소리를 카랑카랑 울리며, 마치 거대한 적과 맞붙어 싸우고 있는 것 같은 인상을 준다. 한 시대를 풍미한 고바야시 히데오라는 지적 거인이 그렇게 필사적으로 싸워야 했던 상대는 다름 아닌 현대인들의 공식적인 세계관이자 우주관이었다.

고바야시가 사투를 벌인 오늘날의 세계관이 실제로 어떻게 성립되어 있는지를 글로 표현하기는 상당히 어렵다. 어떤 시대이건 공식적인 세계관은 암묵 속에 전제되어 있는 수많은 틀로 이루어져 있기 때문이다. 그 암묵의 틀 속에서 현대의 과학적 세계관은 뼈대를 만들어왔다. 과학이 개척한 세계관이야말로 고바야시가 강연과 저서에서 사투를 벌일 만큼 엄청나게 거대하고 두려운 적이었다.

여기서 말하는 과학적 세계관이란, 우주에 존재하는 삼라만상의 객관적인 행위를 숫자로 고칠 수 있으며 방정식으로 풀 수 있다고 보는 입장이다. 이러한 세계관이 우주를 바라보는 인간의 방법 전부를 나타내는 것처럼 보였으며, 현재도 여전히 계속되고 있다.

아이작 뉴턴(Isaac Newton)은 사과가 떨어지는 것을 보고 만유인력의 법칙을 구상했다고 한다. 뉴턴이 소속되어 있던 케임브리지 트리니티칼리지 정문 옆에는 지금도 '뉴턴의 사과나무'

의 자손나무가 서 있다. 영국의 사과나무는 키가 작다. 사과가 떨어지는 그 짧은 시간에 뉴턴의 머릿속에 어떤 환상이 스쳤는지는 아무도 모른다. 그러나 현실인지 가상인지 모르는 그 한 순간의, 이미 전설이 되어버린 착상의 결과 뉴턴과 인류는 새로운 세계를 관(觀)하는 방법을 손에 넣었다. 이 세상의 모든 것은 숫자로 나타낼 수 있다. 세상에 존재하는 모든 물질의 위치는 물론 그 무게까지도 숫자로 나타낼 수 있다. 또 그 수와 수의 관계를 방정식으로 쓸 수 있으며, 그러한 수와 수의 관계에서 이 세상에 존재하는 물질의 객관적인 행위를 전부 풀어낼 수도 있다. 이것이 현대의 과학적 세계관이다.

때때로 현대과학은 경험적 데이터를 중시한다는 의미에서 '경험주의 과학'으로 불린다. 하지만 앞에서와 같은 과학적 세계관이 반드시 우리의 모든 경험을 받아들이는 것은 아니다. 그럼에도 이 세계관은 세계 전체를 나타내는 것처럼 보일 정도로 대단한 영향력을 행사한다. 바로 여기에 고바야시가 맞서 싸운 만만치 않은 적의 정체가 숨겨져 있다.

고바야시는 〈믿음과 생각〉에서 과학이 말하는 '경험'은 어디까지나 숫자로 셀 수 있는 것이며, 계량화할 수 있는 것에 한정되어 있다는 사실을 언급하고 있다.

다들 경험과학이라는 말을 하는데 사실 그런 표현은 상당히 혼동하기 쉽습니다. 경험은 인간이라면 누구나 다 하고 있는 것으로, 옛날에도 그 경험에 대해 다양한 연구를 해왔습니다. 하지만 인간의 경험을 과학적 경험으로 바꿔놓은 것은 불과 300여 년 전부터입니다. 이를 통해서 오늘날의 과학은 상당히 큰 발전을 해왔다고 볼 수 있죠. ……그것이 과학의 성격입니다. 그래서 오늘날의 과학은 숫자가 없으면 성립되지 않습니다. 수학은 계산하는 것이니까요. ……확실하게 계산되지 않는 것은 믿어서는 안 됩니다. 그것이 법칙입니다.

-강연 원본에서 녹취

고바야시의 지적처럼 과학이 경험을 '계량화할 수 있는 경험'으로 한정했음에도 불구하고, 그 '계량화할 수 있는 경험' 만으로 세계를 나타낼 수 있을 것처럼 보였다.

공중으로 던져진 것들은 야구공이건 고양이건 인간이건 모두 똑같은 방사선을 그리며 날아간다. 지구에서 로켓을 쏘아올리면 몇 시간 후에 달에 착륙할지 계산할 수 있으며, 인간의 몸속에 있는 작은 분자도 방정식에 따라 운동하고 있다. 만약 우주에 있는 모든 물질의 데이터를 입력할 수 있는 슈퍼컴퓨터가 있다면 오가는 모든 것을 시뮬레이션할 수도 있다. 세계는 방정식에 따라 움직이는 거대한 숫자의 집합체로, 이것이 바로 과학이 그려낸 우주관이었다. 이 세계관은 너무나도 완벽해서 한 치의 오차도 없는 것처럼 보였다.

19세기에 유럽을 떠들썩하게 만든 인간기계론이나 자유의지를 둘러싼 강연은 이러한 과학적 세계관에 대한 반응이었다. 프리드리히 니체(Friedrich Nietzsche)의 '신은 죽었다'는 그 유명한 주제조차도 과학적 세계관이 가져온 리얼리즘에 대한 하나의 반동이었다고 말할 수 있다.

퀄리아, 계량할 수 없는 세계

고바야시 히데오는 어떻게 거대한 과학적 세계관에 대항하려고 했던 것일까? 고바야시는 인간의 경험 전체를 받아들이고 이에 절실하게 매달리며 평생을 일한 사람이다. 그러나 과학에 대항하는 것처럼 보인 그의 입장은 자신을 위한 것이 아니었다. 스스로 표현하는 자로서의 삶의 연장선상에서, 극히 자연스럽게 과학적 방법론에 대한 이의가 제기되었을 뿐이다.

이 과학적 경험과 우리가 말하는 경험은 전혀 다른 것입니다. 오늘날 과학이 말하는 경험은 우리가 하는 경험과는 전혀 다른 것으로, 그것은 합리적 경험입니다. 반면에 우리의 경험은 범위가 상당히 커서 합리적 경험만 하는 것은 아닙니다. 실제로 우리의 생활에서 이루어지는 대부분의 경험은 합리적이지 못합니다. 그 속에는 감정과 이미지화된 것을 포함해서 도덕적 경험까지 굉장히 많은 것들이 들어 있습니다.

이러한 경험의 광대한 영역은 다양한 방법으로 펼칠 수가 있습니다. 그러나 과학은 그것이 펼쳐지지 않도록 계량적이며 계산할 수 있는 경험으로만 좁힌 것입니다. 다른 경험은 전부 애매한 것들입니다. 결국 계산할 수 있는 경험으로만 좁혀야 되는 굉장히 좁은 길을 걷게 만들었습니다.

－강연 원본에서 녹취

인간의 경험 가운데 계량할 수 없는 것을 현대의 뇌과학에서는 '퀄리아(Qualia, 감각질)'라고 부른다. 만약 고바야시 히데오가 퀄리아라는 개념을 접했다면 "내가 말하고 싶었던 게 바로 이거야"라고 했을 것임에 틀림없다. 왜냐하면 내가 고바야시와 퀄리아에 대해 이야기하는 꿈을 꾼 게 한두 번이 아니었기 때문이다.

대부분 의식 속에서 '어떤 것'과 다른 것이 구별되는 모든 것이 퀄리아다. 빨강색의 감각, 물의 차가운 느낌, 무어라 말할 수 없는 불안, 달콤한 예감. 우리의 마음은 수량화할 수 없는 미묘하고 절실한 퀄리아로 가득 차 있다. 우리의 경험이 갖가지 퀄리아로 가득 차 존재한다는 것 자체가 이 세계에 대한 가장 명백한 사실 중 하나다.

그런데 과학은 우리 의식 속의 퀄리아는 탐구대상으로 삼지 않았다. 아니 탐구대상으로 삼고 싶어도 삼을 수가 없었다. 과학은 도대체 뇌라는 물질에 어떻게 마음이라는 신기한 존재가 깃들어 있는지, 그 원리를 밝혀내는 노력을 게을리 해왔다. 방법론을 감당해낼 수 없었던 것이다. 물론 물질로서의 뇌와 아무 상관없이 우리의 마음이 있는 것은 아니다. 계량할 수 있는 경험과 상관없이 계량할 수 없는 경험이 있는 것도 아니다.

인간의 뇌라는 복잡한 유기체 또한 물질이다. 물질인 이상 다양한 성질을 수로 나타낼 수도 있으며 방정식으로 풀 수도 있다. 뇌 속에 있는 뉴런(neuron, 신경세포)의 수는 약 '1000억 개'로 알려져 있다. 뉴런이 1초 동안 몇 번 활동하는지도 셀 수 있다. 뉴런 속에 있는 분자의 종류와 농도도 셀 수 있으며, 그 숫자 사이의 관계를 방정식으로 나타낼 수도 있다.

하지만 방정식으로 푸는 그런 과학적 방법은 인간의 주관적 체험으로 인한 문제에 대해서는 아무런 본질적 통찰도 제공하지 못한다. 지금 어떤 사람의 뇌활동을 방정식으로 풀 수 있고, 그 모습을 거대한 슈퍼컴퓨터로 시뮬레이션할 수 있다고 치자. 그때 시뮬레이션 당하는 뇌의 소유주는 기뻐하고 있을까? 슬퍼하고 있을까? 무엇을 보고 무엇을 듣는가? 숫자를 생각하고 있을까? 아니면 오늘 먹은 점심을 생각하고 있을까? 그런 주관적 체험의 질은 과학적인 방법으로는 알 수가 없다.

과학은 숫자화시킬 수 있는 객관적인 물질의 변화만을 취급한다. 퀄리아로 가득 찬 주관적 체험은 그것을 정량적인 데이터로 번역함으로써 비로소 과학의 대상이 된다. 하지만 고바야시가 지적한 것처럼 그 과정에서 우리가 체험하는 대부분의 것들은 빠져나가게 되므로 주관적인 체험 자체를 직접 취급할 수는 없다.

　과학만능의 이데올로기 신봉자가, 만약에 할 수만 있다면 이 세상에서 주관적 체험을 전부 없애버리겠다고 생각해도 역시 마찬가지다. 실제로 르네 데카르트(René Descartes)가 마음과 물질을 분리한 이후, 과학은 우리의 의식 속에서 숫자로 고칠 수 없는 체험의 중요성을 없앨 수 있다는 시나리오 아래 일관된 발전을 해왔다. 이를 위해 가장 먼저 한 일은, 우리의 주관적 체험을 과학이 대상으로 삼고 있는 객관적인 물질의 행위로부터 떼어내는 것이었다. 즉 마음의 속성은 과학의 대상이 될 수 없다는 것을 선언하는 것이었다.

　'빨강은 어떤 파장의 빛에 대응하는가?' 이 질문은 숫자로 고칠 수 있는 문제이기 때문에 과학의 대상이 된다. 그러나 '어떻게 해서 우리에게 마음이라는 기묘한 것이 생겨나고, 그 속에서 이토록 신선하고 생동감 넘치는 빨강이라는 질감을 느낄 수 있는가' 라는 질문은 과학적이지 않다며 배제되어 왔다. 과학만능의 이데올로기 아래에서는 과학적 질문이 될 수 없는 것들은 존재할 수 없다. 그래서 퀄리아는 최근 '재발견' 될 때까지 존재하지 않는 것으로 알려져 있었다.

　오늘날 과학이 성공할 수 있었던 가장 커다란 요인은, 퀄리아를 비롯해 우리의 마음을 둘러싼 어려운 문제에 거리를 두었기 때문이다. 그 결과 우주의 근본원리를 이해하고자 하는 입장에서 볼 때 과학은 인류의 지적 욕구의 불완전연소에 지나지 않았다. 우리의 모든 주관적인 체험은 뇌 속의 뉴런활동에 의해 정밀하게 만들어진다. 마음에 떠오르는 수많은 것들을 만들어 내는 첫번째 원인도 현 시점에서는 미지의 것이지만 현대 뇌과학 지식은 이것이 정밀한 자연의 질서임을 시사하고 있다. 의식 또한 자연현상일 것이다. 하지만 현재의 과학적 방법론은, 우리의 의식을 만들어내는 자연이 지닌 질서의 본질을 해명하지 못하고 있다.

우리의 주관적 체험 또한 엄밀한 법칙에 따른 하나의 자연현상으로 볼 수 있다. 고바야시 히데오의 과학에 대한 비판은 과학이라는 행위 자체를 전면적으로 부인하는 것이 아니라, 오히려 과학이라는 행위의 탐구대상을 넓혀 인간이 바라보는 세계를 넓히고자 한 적극적인 제안인 것이다.

버트란트 러셀(Bertrand Russell)과 함께 《수학원리》라는 대작을 저술한 영국의 철학자 앨프레드 화이트헤드(Alfred N. Whitehead)는 1920년 출판된 《자연의 개념》에서 다음과 같이 말한다.

자연철학에 있어서 감각될 수 있는 모든 것은 자연의 일부다. 우리는 그 일부분만을 상황에 맞추어 선택할 수 없다. 저녁노을의 '붉은 빛'의 감각은 과학자가 그 현상을 설명하는 데 필요한 분자나 전자파와 똑같이 자연의 일부이어야 한다. 자연철학의 목적은 '붉은 감각'과 '분자, 전자파'를 비롯한 자연의 다양한 요소가 어떻게 연결되어 있는지를 밝혀내는 일이다.

　말로 표현하고 있지는 않지만 여기에서 화이트헤드가 논하고 있는 것은 말 그대로 퀄리아의 문제다. '붉은 감각', 즉 붉은 퀄리아 또한 자연의 일부다. 퀄리아의 기원을 설명하지 않고 '만물의 이론'을 언급하는 것은 사기나 다름없다. 만약, 우리 인간을 포함한 우주라는 자연의 근원을 이해하고자 한다면 우리 인간이 주관적 체험을 가진다는 기묘한 사실을 설명할 수 있어야만 된다.
　고바야시 히데오의 어조는 열정적이고 화이트헤드의 문체는 논리적이다. 그러나 대조적인 유형의 이 두 사람은 똑같은 문제를 제기하고 있다.

마음은 어떻게 존재하는가

고바야시 히데오는 마음을 쓸데없는 것으로 취급하는 지금까지의 과학적 방법을 철저하게 싫어했다. 녹음으로 남겨진 수많은 강연에서 그는 주관적 체험의 기원을 설명하지 못하는 근대과학의 방법에 대해 몇 번이고 되풀이하면서 이의를 제기하고 있다. 예를 들면 〈현대사상에 대하여〉라는 강연에서 고바야시는 다음과 같이 말한다.
　딱 하나면 어떻습니까? 수반현상(隨伴現象)[2]은 왜 똑같은 두 개의 현상을 필요로 할까요? 상식적으로 생각해도 이것은 쓸데없는 일입니다. 자연은 사치를 허락하지 않아요. 그래서 정신현상과 물질현상은 다른 것입니다. 관계는 있지만 달라요. 다르기에 자연은 허락하는 겁니다. 이쪽에는 이쪽의 기능이 있고 저쪽에는 저쪽의 기능이 있는 법입니다. 두 개의 기능이 다르기 때문에 두 개가 있는 겁니다. 상식적으로 생각할 때 이것이 똑같이 평행으로 존재하는 것을 자연이 용납하겠습니까? 똑같은 기능을 하는 두 개의 평행현상이 있다. 왜 하나가 아니면 안 되냐고 묻는다면, 반영(反映) 현상은 아주 애매해집니다.

― 강연 원본에서 녹취

여기서 고바야시가 언급하고 있는 '수반현상'이란, 지금까지의 과학에서는 인간의 마음에 대한 존재 의의가 부차적인 것임을 상징하는 개념이다. 수반현상설(隨伴現象說)에서는 퀄리아로 가득 찬 우리의 주관적 체험이, 정확한 원인은 모르지만 물질적 과정인 뇌의 뉴런 활동에 '수반'하는 현상으로 생성된다고 본다. 물리적 현상과 심리적 현상은 서로 밀접한 관계가 있지만 그것이 서로에게 평행으로 영향을 미치지는 않는다. 특히 물질로서의 뇌 속에서 분자의 시간 발전은 인과적으로 닫혀져 있으며, 거기에 마음이 수반하는 일들은 뇌의 인과적 발전에 영향을 미치지 못한다. 그러므로 객관적 시점에서 물질로서의 뇌의 시간변화를 숫자로 나타내고 방정식으로 쓰기 위해서는 마음의 존재는 잊어버리는 것이 좋다. 또한 물리적 과정과 마음의 과정은 엄밀하게 대응되고 있기 때문에 물리적 과정만으로도 현상을 기술하기에는 충분하다. 즉 마음이란 것은 있어도 좋고 없어도 좋은 '사족'인 것이다. 이것이 수반현상설의 기본 생각이자 최근까지 뇌과학의 통설이었다.

그래서 뇌과학은 퀄리아로 가득 찬 인간의 주관적 체험이라는 번거로운 것에 신경 쓰지 않고, 숫자로 나타낼 수 있는 '과학적 체험'의 세계에서 뇌기능을 설명하는 데 전념할 수 있었다. 고바야시 히데오는 이러한 '경험주의 과학'의 방법에 대해 진심으로 분노했고, 그래서 때때로 강연하다가 흥분하기도 했다.

사랑하는 연인과 함께 죽기로 마음을 먹는다. 국가존망의 위기에서 먼 옛날 헤이안시대의 '무상(無常)'에 마음이 달려간다. 호숫가를 거닐고 있을 때 갑자기 모차르트의 교향곡 제40번이 들려온다. 그 체험을 토대로 '모차르트'라는 전쟁진혼곡을 쓴다. 고바야시는 인간이 살아가는 과정에서 만나는 수많은 주관적 체험의 절실함과 그 섬세한 뉘앙스를 표현하는 데 평생을 바쳐왔다. 한 사람 한 사람의 마음속에 나타나는, 결코 숫자로는 바꿀 수 없는 체험의 절실함에 진심으로 함께 해왔다.

나츠메 소세키(夏目漱石)[3]가 스즈키 미에키치(鈴木三重吉)[4]에게 보낸 편지의 유명한 표현을 빌리자면 '목숨을 놓고 죽느냐 사느냐라고 거래할 만큼 강인한 정신'을 가지고 고바야시는 인간의 마음속에서 수많은 것들이 지어내는 무한한 공간을 찾아 그 소식을 우리에게 전했다. 글로 쓰인 문장과 남겨진 강연 자료에 나타나는 고바야시의 모습은, 그 같은 표상세계 탐구자로서의 엄격함과 더불어 인간이 체험하는 세계를 온전히 받아들이고자 하는 의지를 느끼게 한다.

그런 고바야시에게 우리가 마음속에서 체험하는, 숫자로 표현할 수 없고 방정식으로도 풀 수 없는 수많은 것들을 수반현상에 지나지 않는다고 치부해버리는 근대 과학정신은 당연히 분노해야 할 대상일 수밖에 없었다. "어리석군, 어디가 모호하단 말인가? 너희들이 애매하다고 치부해버린 마음속의 수많은 것들을 확실하게 찾아내는 일에 나는 평생을 걸었다." 고바야시는 이렇게 말하고 싶었던 것이 아닐까?

마음을 수반현상이라는 한마디로 정리해버리는 이상, 과학은 우주의 근원을 이해하기 위한 지적 탐구로서는 불완전하고 불만족스러울 수밖에 없다. 그리고 목숨을 놓고 거래할 만큼 강인한 정신으로 과학을 하는 인간도 나타나지 않을 것이다. 역사는 실제로 그렇게 진행되어 왔다.

뇌내현상

여기서 확인해둘 것이 있다. 즉 인간이 체험하는 모든 것은 뇌 속에 있는 1000억 개의 뉴런 활동에 의해 일어나는 '뇌내현상(腦內現象)'이라는 사실이다. 고바야시 히데오가 우리에게 전해준 그 소식은, 그리고 우리 한 사람 한 사람이 매일같이 조우하고 있는 수많은 퀄리아로 가득 찬 주관적 체험은, 전부 두개골로 둘러싸인 이 뇌라는 1리터짜리 공간 속에서 물질적 과정과 함께 일어난다. 우리가 마음속에서 느끼는 모든 것이 뇌내현상이라는 사실 자체는 의심할 여지가 없다. 우리는 뇌내현상으로서의 세계 전체를 떠맡아 살고 있는 것이다.

 광대한 그랜드캐니언 앞에 서 있건, 난무하는 북극의 오로라를 올려다보건 우리가 체험하는 광경은 전부 뇌내현상이다. 그렇다고 이 세상에 우리의 뇌만이 존재한다고 주장하는 것은 아니다. 우리의 몸 밖으로 광대한 우주가 있다는 것쯤은 알고 있다. 뇌만 중요한 게 아니라 몸도 중요하고 환경과의 상호작용도 중요하다. 그건 당연한 사실이다. 하지만 결국에는 외부에서 들어온 자극을 토대로 뇌의 뉴런이 움직이지 않으면 우리는 이 광대한 우주를 표현할 수가 없다. 이와는 달리 광대한 우주가 없어도 뇌 속에서 뉴런이 어떤 시공(時空) 양식으로 활동한다면 우리는 광대한 우주를 그릴 수 있게 된다.

 이른바 버추얼 리얼리티(virtual reality, 가상현실)의 이론적 기초가 바로 여기에 있다. '수조 속의 뇌'라는 비유가 실제로 불가능하다는 이유로 원리를 부정하는 것은 어리석은 일이다. 언제 어디에선가 우리도 수조 속의 뇌였는지 알 수 없지 않은가?

 인간이 체험하는 것 전부가 뇌내현상이라는 사실을 인정하게 되면 반대로 흥미로운 이치가 부상한다. 만약 우리가 체험하는 모든 것이 뇌내현상이라면 우리는 어떻게 해서 광대한 우주를 그려낼 수가 있는 것일까? 어떻게 몇 억 광년이나 떨어진 머나먼 항성에 대해 이야기하고, 머나먼 산등성이를 그리워할 수 있는 것일까? 어떻게 우리는 뇌라고 하는 1리터의 공간에 갇혀 있으면서 그 무한한 공간을 지향할 수 있는 것일까?

나츠메 소세키가 쓴 소설 《산지로三四郞》에는 주인공 산지로가 대학에 입학하기 위하여 구마모토에서 상경하는 장면이 있다. 차 안에서 그는 수염을 덥수룩하게 기른, 보기에도 선생님 같은 남자와 함께 앉게 된다. 이 사람이 '위대한 어둠', 히로다 선생이다.

"하지만 앞으로는 일본도 점점 더 발전하게 될 겁니다"라고 산지로는 변호했다. 그러자 남자는 아무렇지도 않게, "망할 거야"라고 말했다. 구마모토에서는 바로 얻어맞거나 재수 없으면 국가의 적으로 취급당할 만큼 큰일날 말이었다. ……산지로는 도저히 정체를 알 수 없는 이 남자를 더이상 상대하지 않으려고 입을 다물었다. 그러자 남자가 말했다.

"도쿄는 구마모토보다 훨씬 넓지. 도쿄보다 일본이 넓고, 일본보다……." 그는 잠시 말을 멈추었으나 산지로가 귀를 기울이고 있는 모습을 보고는 "일본보다 머릿속이 넓네"라고 말했다. "사로잡히지 말게. 아무리 일본을 위해서라고 해도 지나친 편애는 안 하는 것만 못해."

이 말을 들은 순간, 산지로는 자신이 정말 구마모토를 떠났다는 기분이 들었다. 그리고 동시에 구마모토에 있었을 때의 자신이 상당히 비겁했다는 사실을 깨달았다.

넓고 좁음을 공간이라는 의미에서 보면 히로다 선생의 말은 납득이 안 된다. 구마모토보다 일본이 공간적으로 더 넓다는 것은 누구나 알고 있다. 그렇지만 '일본보다 머릿속이 넓다'는 것은 도대체 무슨 뜻일까? 우리의 뇌는 1리터밖에 안 된다. 일본은 고사하고 구마모토와 비교해도 엄청나게 작다. 따라서 '일본보다 머릿속이 넓다'는 것은 논리적으로 잘못된 말이다. 그럼에도 우리는 히로다 선생이 한 말에 문득 마음이 움직이게 된다. 그래서 독자들은 산지로가 '정말 구마모토를 떠난 것 같은 기분'이 들면서 '구마모토에 있었을 때의 자신이 상당히 비겁했다'는 사실을 깨닫는 게 당연하다고 생각한다.

마음은 뇌내현상인 동시에 뇌라는 한정된 공간에서 해방된 존재이기도 하다. 우리의 주관적 체험을 만들어내는 뇌 속의 뉴런 활동은 '지금, 여기'라는 한계 안에서 일어나지만, 한편 우리의 마음은 '지금, 여기'라는 한계를 넘어설 수가 있다. 머나먼 별을 생각하고 공룡시대 한낮의 나른함을 떠올릴 수 있으며, 헤이안시대 여제사장의 생활과 감정을 상상할 수도 있고, 뿔 달린 괴물과 정오면체, 투명인간을 떠올릴 수도 있다. 그것을 언급하는 것이 새삼스럽게 부자연스러울 정도로 우리의 심리적 표상은 '지금, 여기'라는 시공간적 한계를 넘어 무한한 가상공간 속에서 노닐 수가 있다.

뇌 속에 갇혀 있음에도 뇌 속에 한정되지 않는, 이런 마음의 본질적인 속성을 취한 개념이 바로 '지향성'이다. 지향성은 우리의 마음이 무엇인가를 향하여 있는 상태를 나타낸다. 가장 간단한 지향성은, 눈앞에 보이는 컵에 주의를 기울이고 있는 상태이다. 눈앞에 있는 것을 본다는 지향성에 있어서조차 우리의 마음은 이미 뇌라는 용기의 공간적인 한계를 뛰어넘고 있다. 뇌속에서 만들어진 컵의 이미지는 아주 쉽게 뇌 밖으로 나가버린다. 우리는 지향적인 마음상태를 통해 머나먼 별, 공룡시대의 한낮, 헤이안시대의 여제사장, 뿔 달린 괴물과 정오면체, 그리고 투명인간 등 가상공간 속에 존재할 수 있는 모든 것과 마주할 수 있다.

'지금, 여기'라는 현실에 한정되지 않고 과거에 존재하였던 것, 미래에 다가올 것, 어디에도 존재하지 않는 것을 머릿속에 떠올릴 수가 있는 것이다. 우리의 마음은 뇌 속에서 무한한 가상공간 속으로 해방된다. 지향성이 마음의 특이한 속성이라는 생각은 오늘날 '브렌타노의 명제'로 불리고 있다. 물질은 정해진 장소와 시간의 한계 하에서 존재하지만, 마음은 그 한계를 넘어선다. 즉 프란츠 브렌타노(Franz Brentano)는 물질과 비교할 때 심적 표상의 놀라운 특징은 지향성에 기인한다고 생각하였다.

반딧불이가 주는 현실과 가상

고바야시 히데오의 반딧불이에 관한 에피소드가 있다. 프랑스 철학자 앙리 베르그송(Henri Bergson)을 논하였으나 미완성으로 끝난 〈감상〉은 다음과 같이 시작된다.

>
> 전쟁이 끝난 다음해에 어머니가 돌아가셨다. 어머니의 죽음은 나에게 상당히 힘든 일이었다. 거기에 비하면 전쟁이라는 커다란 사건은 나의 육체를 우왕좌왕시켰을 뿐, 나의 정신에는 조금도 영향을 끼치지 못했던 것 같다.
> ……어머니가 돌아가신 지 며칠이 지난 어느 날, 나는 기묘한 경험을 하였다. ……불단에 올리는 초가 떨어져 초를 사러 밖으로 나갔다. 오기가하라 안쪽에 있는 우리 집 앞으로 길을 따라 실개천이 흐르고 있었다. 이미 땅거미가 지고 있었다. 문밖을 나서자 내가 가는 길로 반딧불이 한 마리가 날아다니고 있었다. 우리 집 근처에서는 해마다 반딧불이를 자주 볼 수 있었지만 그것은 그해 들어서 처음 보는 반딧불이였다. 더욱이 그 반딧불이는 그때까지 본 적이 없을 만큼 커다란 빛을 발하고 있었다. 문득 어머니도 지금은 반딧불이가 되었을 거라는 생각이 뇌리를 스쳤다. 반딧불이가 나는 것을 뒤로 하고 걸어가면서도 난 그 생각에서 벗어날 수가 없었다.

이른바 '과학'적 입장에서 고바야시의 이러한 체험을 '미신'으로 취급하는 것은 아주 간단한 일이다. 어머니가 반딧불이가 되다니 그런 일은 있을 수 없으니까 말이다. 인간은 죽으면 그뿐, 반딧불이가 되어 돌아오는 일은 있을 수 없는 일이다. 반딧불은 어디까지나 반딧불일 뿐이다. 그 빛을 어머니라고 생각한 것은 어머니의 죽음에 정신적인 타격을 받은 탓일 것이다. 이것은 도가 지나친 생각이며 환상일 뿐 애당초 어머니의 영혼이 하늘하늘 날아다닐 턱이 없지 않은가. 반딧불을 어머니라고 말하는 당신의 마음 작용은 숫자로도 방정식으로도 나타낼 수 없다. 그런 것은 이 세상에 존재하지 않는다는 것이 이른바 객관적이며 과학적인 설명이 될 것이다. 하지만 그런 간단한 이치는 고바야시도 당연히 알고 있는 내용일 터이다.

브렌타노가 말하는 것처럼 우리의 마음은 본질적으로 지향적이다. 이 관점을 더 몰아간다면 똑같은 에피소드도 전혀 달리 보이게 된다.

땅거미가 내려앉은 강변에 빛으로 된 점 하나가 날아간다. 이것은 물질적 현상이다. 이 물질적인 현상은 숫자로 만들 수도 있고 방정식으로 만들 수도 있다. 그것을 반딧불이라고 본다. 일반적으로 이것을 객관적 인식이라고 말한다.

그러나 모든 객관적 세계에 '반딧불이'라는 실재가 존재하는가? 그런 것은 존재하지 않는다. 물질로서 존재하는 것은 꼬리가 점멸하고, 여닫이가 가능한 두 개의 딱딱한 껍질이 부속으로 달린 3센티미터 정도의 기묘한 '무언가'이다. 그 '무언가'가 빛을 내며 어둠 속을 날아다닌다. 어둠 속의 빛을 '반딧불'로 인식하는 것은 인간이 제멋대로 생각하는 것에 지나지 않는다. '반딧불'은 객관적인 현실이 아니라 만들어진 하나의 가상인 것이다. 그렇기 때문에 생성의 문제에서 의식으로 접근한 베르그송을 논하는 데 있어서 고바야시의 에피소드를 꺼낸 것이다.

우리의 인식 과정 그 자체가 현실과 가상의 만남이다. 뇌는 수많은 가상과의 조화를 통해 주위의 현실을 인식한다. 흔히 얼굴을 얼굴로 보는 것은, 그곳에 현실적으로 얼굴이 있기 때문이라고 생각할 것이다. 그렇다면 과일을 모아서 얼굴을 만드는 매너리즘 시대의 이탈리아 화가 주세페 아르킴볼도(Guiseppe Archimboldo)의 그림은 어떤가? 아르킴볼도의 그림에서 보는 얼굴이 가상이라면, 거울에 비치는 자신의 얼굴도 가상이다. 뇌 인식의 메커니즘으로는 하나로 이어지는 것이다. 만약 고바야시가 본 '어머니의 영혼'이 가상이라면 역시 '반딧불'이라는 표상도 가상이다. 공간을 이동하는 물리적인 빛, 즉 그 '현실'을 '반딧불'로 볼지 '어머니'로 볼지의 문제는 어떠한 인식의 경우에도 현실과 가상이 조화되는 과정이라는 점에서는 변하지 않는다.

뇌 속에 준비된 가상세계의 깊이에 의해, 현실을 인식하는 콘텍스트의 풍요로움이 결정된다. 반딧불을 어머니로 보기 때문에 고바야시인 것이다. 우리는 꿈을 꾼다. 그리고 꿈속에서 수많은 가상을 만들어내며, 언젠가는 현실 속에서 그런 가상과의 조화가 도움이 될 때를 기다린다. 그 순간은 영원히 오지 않을지도 모른다. 그래도 상관없다. 가상을 담당하는 지향성은 원래 그런 것이다.

가상의 계보

인간의 정신세계의 역사는 가상세계의 확대과정, 다시 말하면 '가상의 계보'에서 찾을 수 있다. 다섯 살 여자아이가 이 세상 어디에도 현실로 존재하지 않는 산타클로스를 생각하는 것은 가상의 계보로 이어지는 일이다. 고바야시 히데오가 반딧불에서 어머니를 본 것도 이즈미 시키부(和泉式部)[5] 이후 일본의 반딧불을 둘러싼 가상의 계보 속에 속한다.

 인간은 현실에 존재하지 않는 것을 봄으로써 이를 현실과 연결시켜 더 풍요롭게 볼 수 있게 되었다. 그리고 풍요로운 가상의 연결이 축적되는 과정에서 점차적으로 언어가 탄생했으며, 또한 가상의 계보가 축적되는 과정을 통해 사람들은 수많은 것들을 가상세계에 의탁했다. 고바야시의 경우 그가 의탁한 것은 아름다운 예술, 절실한 삶의 체험에 대한 마음이었다. 그의 강연이 음성으로 남겨진 덕택에 우리는 고바야시의 육성을 통해 생생한 퀄리아의 세계를 접할 수 있으며, 똑같은 것을 교재로 읽을 때와는 전혀 다른 지향성을 떠올린다. 만약 정보가 문자로 표현되건 음성으로 표현되건 똑같은 것이라면 퀄리아는 정보를 넘어선다.

무언가가 남겨져 사람들에게 전해지는 과정은 허무할 정도로 깨지기 쉬운 것이다. 그리고 가상의 계보는 시대의 제약, 기술의 제약으로 인해 남겨져야 할 것이 남겨지지 않는 경우도 있으며 때로는 끊어지기도 한다. 그때 내가 고바야시의 강연테이프를 만난 것은 수많은 우연과 우연이 축적된 결과였다. 대부분의 많은 만남은 가능성으로 끝난다. 만약 나츠메 소세키의 강연이 음성으로 남겨져 있다면, 그것은 나에게 영원히 실현되지 않는 아름다우면서도 절실한 가상이다. 사실 인간에게 있어서 절실한 것은 거의 대부분이 가상의 세계에 속해 있다. 여기에 생각이 미치자 강연을 하며 때때로 격앙하던 고바야시에게 새삼 공감을 느끼게 된다.

주(註)

1) 고바야시 히데오: 일본의 평론가로 시원시원한 문체와 역설로 근대 비평가로서의 지위를 확립했으며 비평의 새로운 분야를 개척하고자 했다. 전후부터 문단문학보다는 예술가와 사상가를 추구하였다. 주요 저서로는 고전과 고미술 세계에 관련된 수필 《무상이란 무엇인가》를 비롯해 《모차르트》, 《나의 인생관》, 《근대회화》, 《모토오리 노리나가》 등이 있다.

2) 수반현상(epiphenomenalism): 심리철학에서 물질과 의식 사이의 인과 관

계에 대해 말한 형이상학적인 입장 가운데 하나로, "의식은 물질의 상태에 부수하고 있는 현상에 지나지 않으며, 물질에 대해 어떠한 인과작용도 갖지 않는다." 즉 의식은 뇌 활동에 부수하는 부산물에 지나지 않으며 인과적으로 무력한 존재라고 보는 입장에 있다. 수반현상설을 주장하는 사람은 그 전제조건으로 물질과 의식을 어떤 의미에서 별개의 존재로 보는 이원론적 입장을 취한다. 수반현상설과 대립되는 입장으로 '상호작용설'이 있다.

3) 나츠메 소세키: 일본의 소설가이자 영문학자로 《나는 고양이로소이다》 발표 이후 아사히신문사의 전속 작가가 되어 《도련님》, 《산시로》, 《그 후》 등 일본 근대문학사에 획을 긋는 많은 작품들을 완성했다. 특히 《그 후》는 《산시로》, 《문》과 더불어 나츠메 문학의 3부작을 이루며, 일본 근대문학의 진정한 효시를 알리는 작품으로 평가받고 있다.

4) 스즈키 미에키치: 아동예술잡지 《빨간 새》를 창간했고, 어린이의 개성을 기르기 위한 작문운동을 전개했다.

5) 이즈미 시키부: 일본 헤이안시대의 여류시인이자 가인(歌人)으로, 그의 시는 시류를 벗어난 자유롭고 활달한 필치에 애수를 담은 노래가 많다. 당시의 풍토로는 매우 획기적인 것이었으며 후세에 높은 평가를 받았다.

2. 가상의 절실함

현실화되지 않기에 더욱 절실한 가상

아이들에게 그토록 산타클로스가 절실한 것은, 그것이 이 지상 세계 어디에도 존재하지 않는 가상이기 때문이다. 아이들 역시 실제로는 산타클로스가 없다는 사실을 잘 알고 있다. 산타클로스가 흰 수염을 단 뚱뚱한 남자의 모습으로 방실방실 웃으며 자기 집에 나타난다 해도, 아이들은 그것이 자신들의 마음속에 소중하게 간직된 '산타클로스' 와는 다른 누군가라는 사실과 산타클로스로 변장한 사람이 자기 아버지거나 어딘가에 사는 할아버지일거라는 사실을 알고 있다.

아이들은 무조건적인 사랑을 주는 존재에 의지해서만 살 수 있다. 아이들에게 산타클로스는 아버지와 어머니라는 가까운 보호자와는 다른 세계에 살지만 자기를 생각해주는 사람이다.

그 사람은 순록이 끄는 썰매를 타고 나타나 허허허 밝게 웃으며 살짝 선물을 주고 간다. 크리스마스 아침에 눈을 뜨면, 그 사람의 무조건적인 사랑의 징표가 매달아놓은 양말 속에 들어 있다. 산타클로스의 매력은 그에게 선물을 받는 것보다도 그런 사람이 이 세상에 존재한다는 그 가상 속에 있다. 그것은 분별력이 생긴 어린아이에게조차 눈부실 만큼 매력적인 것이며, 결코 완전한 형태로 현실화되지 않는 가상이다.

하지만 현대를 사는 우리는 산타클로스에게조차 현실과의 연결을 요구하며, 산타클로스가 타는 썰매 위치를 인공위성으로 추적한다. 하지만 이런 식으로는 산타클로스라는 가상이 가진 절실함에 미치지 못한다. 왜냐하면 산타클로스는 결코 현실화되지 않는 가상이기 때문에 절실한 것이다. 지구상에서는 도저히 만져볼 수 없는 포동포동하게 살찐 남자, 산타클로스의 썰매라는 현실이 경험과학의 객관적 세계로 바뀌는 순간 산타클로스는 진부한 구상(具象)이 되고 만다.

현대과학의 국소적 인과율

현대과학은 '지금, 여기'라는 현실의 변화를 가져오는 요인(인과율)을 밝혀왔다. '지금, 여기'에 수많은 형태로 존재하는 물질이 어떻게 변화하는가를 예측하기 위해서는, 물질 사이에 작용하는 힘이 어떤 것인지를 조사하면 된다. 뉴턴이 발견한 '만유인력'도 그러한 힘 가운데 하나다. 힘은 반드시 접촉한 물체들 사이에서 작용(근접작용)한다. 중력이나 전자기의 힘처럼 겉으로는 떨어져 있는 것들이 서로 힘을 미치는 것처럼 보이는 경우에도, 반드시 매개하고 있는 입자와 물질이 접촉하는 형태로 힘이 작용한다. 멀리 떨어진 것, 이미 과거의 것이 된 것, 머나먼 미래상황이 '지금, 여기'라는 현실에 영향을 미치는 일은 없다. 그러므로 '지금, 여기'라는 현실이 변화하는 모습을 예측하기 위해서는 '지금, 여기'에 가까운 것의 모습을 포착하면 된다. 근대과학에서는 이러한 대전제를 '국소적 인과율'이라고 부른다. 과학은 국소적 인과율을 대전제로 해서 '지금, 여기'라는 현실이 변할 때의 법칙을 밝혀온 것이다.

실제로 국소적 인과율은 물질의 변화 상태를 예측하는 과학적 측면과 다양한 상품을 조립하여 기계를 만드는 공학적 측면에서 상당히 효과적인 개념이 되어왔다.

'지금, 여기'에 시간적·공간적으로 멀리 떨어진 것이 갑자기 영향을 미친다면 안심하고 예측할 수 없다. 예를 들어 얼음을 따뜻하게 하면 물이 되는 현상은, '지금, 여기'의 인과율 작용만으로 결정되기 때문에 안심하고 상전이(相轉移: 물질이 조건에 따라 한 상에서 다른 상으로 이행하는 현상. 융해, 고화, 기화, 응결 따위―옮긴이) 이론을 만들 수 있다. 그러나 1000년 전의 어떤 강가에서 곰이 뛰어들지 말지의 여부가 '지금, 여기'에서 얼음이 녹으면 과연 물이 될지의 여부에 영향을 미친다면 과학의 예측은 성립될 수 없다.

　비행기가 제대로 날지 어떨지의 여부는 그 비행기의 '지금, 여기'에서 국소적 인과율의 작용만으로 정해진다. 그렇기 때문에 엔지니어는 하늘을 나는 강철 덩어리를 설계하는, 보기에 따라서는 불가능하게 생각되는 위대한 일을 해낼 수 있는 것이다. 멀리 떨어진 산 속에서 구른 돌이 비행기의 추락에 영향을 끼친다면 애당초 항공역학은 불가능해진다. 현실의 물질에 변화를 주는 힘을 미치는 것은 현실에 있는 물질뿐이다. 그래서 현대과학은 현실에만 흥미를 갖는 것이며, 그 현실 중에서도 '지금, 여기'라는 현실밖에는 흥미를 갖지 않는다.

　멀리 떨어진 현실이나 머나먼 과거의 현실은 이 세계 시공의 성립 속에서 국소적 인과율을 쌓음으로써 비로소 '지금, 여기'라는 현실에 영향을 미칠 자격을 갖는다. 현실에서조차 '지금, 여기'에 가까이 없으면 영향을 미칠 수가 없다. 하물며 현실의 어디에도 없는 가상은 '지금, 여기'라는 현실에 아무런 영향도 미칠 수가 없다. 그러므로 현대과학에서 가상의 가치가 폭락한 것은 당연한 일이었다.

　아마도 과학이 탄생하기 전에는 가상의 가치가 상당히 높았을 것이다. 사람들은 무엇인가를 생각한다는 것 자체에 현실을 바꾸는 힘이 있다고 믿었다. 그래서 가상세계 속에 현실과는 독립된 왕래가 있다고 보았다. 가뭄이 계속될 때 기우제를 지낸 것도 가상세계가 현실에 영향을 미친다고 믿었기 때문이며, 사람을 원망하며 저주의식을 행한 것도 가상의 힘을 믿었기 때문이다.

오늘날의 우리도 대입시험 등을 치를 때 절이나 교회에 가서 기도를 하거나 또는 복권을 살 때 미리 징조를 살펴보기도 한다. 하지만 그런 행위를 하는 우리의 마음 한구석에는 어딘가 어중간한 데가 있다. 무엇인가를 생각하는 것 자체가 현실을 바꾸는 힘을 가졌다고 진실로 믿었던 시대의 세계관을 이제 우리는 상상하는 수밖에 없다.

현대인은 누군가가 자신의 꿈속에 나타나면 자기가 그 사람을 걱정하기 때문이라고 생각하지만, 헤이안시대에는 그 사람이 자기를 생각하고 있기 때문이라고 보았다. 가상현실에 미치는 영향을 둘러싼 세계관의 차이가 이런 사소한 점에 깊이 드러나고 있다. 즉 현대의 해석은 '지금, 여기'의 국소적 인과율이 쌓이면 설명할 수 있지만, 헤이안시대의 해석은 가상이라는 현실에 미치는 작용을 진짜로 믿지 않으면 절대로 성립되지 않는다.

인간의 마음에 일어나는 현실과 가상의 교차

오늘날 우리에게 무엇보다도 중요한 것은 현실이다. 가상만으로는 현실세계를 바꿀 수 없다는 인식이 뼛속 깊이 새겨져 있다 보니, 가상세계는 영화와 소설이라는 픽션세계에 갇힌 채 다만 현실생활의 활력소쯤으로 생각될 뿐이다. 하지만 실제로 우리의 생활체험은 현실과 가상이라는 씨실과 날실이 만들어내는 섬유와도 같은 것이다. 분명히 우리가 만나는 많은 것들은 현실에 있는 것들이다. 하지만 알아차리지 못할 만큼 섬세하면서도 미묘한 형태로, 이 세상의 것이 아닌 가상의 것들이 보이지 않는 곳곳에 잠재되어 얽히고설켜 있다.

누군가를 처음 만나는 경우를 생각해보자. 이메일과 전화통화를 통해 대략 이런 사람이지 않을까라는 이미지가 만들어져 있다. 약속장소인 카페에 들어서자 그 사람이 날 보고 일어선다. 그의 얼굴과 모습을 보는 순간, 지금까지 자기 안에 있던 가상이 배신당한다. 가상 속에서 숨 쉬고 있던 사람은 이 세상 어디에도 없는 존재로 버려진다.

이번에는 유명한 문학작품을 처음 읽는다고 생각해보자. 그때까지 읽었던 소개 글과 사람들한테 들은 소감을 통해 이러저러한 작품일 것이라고 예상하며 읽는다. 그러나 책장을 넘기는 동안 예상과는 다른 것들을 만난다. 그 만남에 마음이 동요되면서도 '이렇지 않을까' 하고 떠올렸던 가상의 작품은 결국 안타깝게 사라지기 시작한다. 그리고 자기 마음속에 있던 책은 사실 환상 속의 존재였음을 알아차린다.

친구와 캠프를 가기로 약속한다. 여린 나뭇잎 사이로 산들바람이 불고, 노을이 지고 찌개가 끓기 시작하고 어둠 속에 모닥불이 흔들리며 한 손에 술잔을 들고 이야기를 나누는 모습을 상상한다. 하지만 약속한 날에 태풍이 불어닥쳐 바람에 빗발이 날린다. 아침 일찍 전화로 약속이 취소되고 빗소리를 들으며 자기 방에서 조용히 휴일을 보낸다. 편안하고 여유 있는 시간을 보냈을 캠프에 대한 가상이 차츰 마음속에서 사라진다.

이처럼 일상생활에서 우리의 마음속에 일어나는 일들을 하나하나 관찰하면, 사실은 그 파도 속에 무수한 가상이 꿈결처럼 나타났다가 사라지는 것을 알 수 있다. 아직 보지 않은 현실이 이러이러할 거라 상상하며 떠올린 가상은 맞닥뜨린 현실이 그와 다를 경우, 눈 깜짝할 사이에 버려지고 잊혀진다. 뿔 달린 괴물과 상상 속의 해태처럼 현실에 대응할 것 없는 가상의 생명력은 상당히 강하다. 현실과는 다른 가상세계를 구축하는 즐거움도 있지만 그것이 현실과 정면충돌할 때 가상의 수명은 무상하기 그지없다.

"A씨를 만나보니 실제로는 내 생각과 전혀 달랐다", "도스토예프스키의 《죄와 벌》을 읽었는데 내가 상상했던 것과는 딴판이었다"라고 할 경우, 이 세계 어디에도 존재하지 않는 '내가 생각했던 A씨'와 '내가 상상하던 《죄와 벌》'은 마치 전혀 현실에 존재하지 않았던 것처럼 깨끗하게 잊혀진다. 현실이야말로 살아가는 데 있어서 최대의 관심사이기 때문이다. 이런 현실이 존재하지 않을까라고 그렸던 가상은 현실과 충돌하고, 현실과의 의자뺏기 게임에 진 순간 어둠 속으로 사라진다. 실제 현실에서는 그런 가상이 되돌아보아지고 사랑받는 일은 결코 없기 때문이다.

이성의 흡인력

우리 인간에게 이성(異性)은 자기 자신의 생명의 거울이고 샘물이며 마음속에 떠오르는 절실한 모든 것들의 기원이다.

사춘기 시절 우리는 아직 만날 수 없는 이성에 대해 여러 가지 가상을 생각한다. 그리고 그 가상은 현실의 이성에 의해 거의 대부분 배신당한다. 배신당한 실망과 현실의 성질이 매혹적으로 교차된다. 그런 교차점에서, 아마도 칼 구스타프 융(Carl Gustav Jung)이 '아니마(anima)'라고 불렀던 그 가상의 이성 상(像)을 버리는 것을 우리는 '성장'이라고 부른다.

현대사회에서는 이 세상 어디에도 존재하지 않는 이상형을 소중하게 간직하는 사람을 철이 없다고 생각하거나 심지어 병적으로 보기도 한다. 그런 이상형을 추구하는 청년은 분명히 인기가 없을 것이고, 그래서는 안 된다고 현대인들은 생각하는 경향이 있다.

히구치 이치요(樋口一葉)[1]의 《다케구라베》에 그려진 연애는 담담하다. 촛불의 담담함이 현대의 형광등 뒤로 사라진 것처럼 《다케구라베》에 그려진 연정의 담백함은 휴대폰으로 이어지는 현대인의 사랑 앞에 사라지고 있다. 어릴 적 친구인 미도리에 대한 세타로의 조건 없는 짝사랑은 다음 장면에서 두 사람의 대조적인 얼굴색 속에 아름답게 드러난다.

"오로쿠 같은 게 뭐가 이뻐?"

세타로는 얼굴을 붉히며 등불 밑에서 조금 물러서 벽 쪽으로 앉았다.

"그러면 미도리가 좋은 거지? 그렇게 결정한 것이 맞지?"

아주머니가 은근히 세타로의 약을 올렸다.

"그런 거 알게 뭐야."

세타로는 그렇게 말하고는 휙 돌아서서 벽지를 손가락으로 두드렸다. 그러고는 "물레야 물레야 빙빙 돌아라" 하고 작은 소리로 노래하기 시작했다. 미도리는 얼굴조차 붉히지 않고 공기들을 주워 모아 "처음부터 다시 시작하자"고 말했다.

'누구를 좋아하느냐, 혹시 미도리 아니냐' 며 급소를 찔리자 세타로는 얼굴을 붉혔다. 그러나 미도리는 얼굴을 붉히지 않는다. 그냥 그뿐이다. 미도리에 대한 세타로의 사랑은 이 장면이 클라이맥스다.

그래서 어쨌다는 것이냐고 현대인은 생각할지 모르지만 세타로는 결국 미도리에게 '고백' 하지도 못했고 만나지도 못했다. 현대인들은 그런 담백한 사랑을 평생 소중하게 안고 있다고 해서 무엇이 어떻다는 것인가, 미도리는 얼른 잊어버리고 다른 상대를 찾는 것이 낫다고 생각할지도 모른다. 미도리가 진심으로 사랑하는 신여에게 보내는 한결같은 사랑의 표현도 현대적 관점에서 보면 참으로 싱겁고 허망하기 짝이 없다.

비 오는 날 우산도 없이 게다가 나막신 끈마저 끊어졌으니 이보다 딱한 일은 없다. 때마침 미도리가 창호지문 안쪽에서 유리 너머로 밖을 내다보았다.

"어머, 누군가 나막신 끈이 끊어졌나봐요. 끈을 줘도 될까요, 어머니?"

반짇고리에서 유센 염색을 한 천조각을 꺼내든 미도리는 뜰에서 신는 나막신을 신고 툇마루에 걸쳐놓았던 우산을 펴든 채 뜰의 징검돌을 따라서 서둘러 나왔다. 미도리는 그가 신여인 것을 알아차리자 얼굴이 빨개져서 무슨 큰일이라도 만난 것처럼 심장뛰는 소리가 빨라졌다. 남이 보지는 않을까 쭈뼛거리며 문앞에 이르자 신여도 깜짝 놀라 뒤돌아보았다. 신여의 겨드랑이에서 식은땀이 흘러내렸다. 맨발로라도 그대로 도망치고 싶은 심정이었다.

마침내 미도리의 모습이 급변한다. 미도리는 한발 앞서 여인의 세계에 발이 닿는다. 신여와 미도리의 사랑, 세타로의 미도리에 대한 짝사랑은 이 현실세계 속에서는 결실을 맺지 못하고 사라지게 된다. 차마 건네지 못한 작은 천조각만이 남겨진다. 이처럼 현실화되지 못한 사랑에 대해 현대를 살아가는 우리는 어떤 태도를 취할까? 자신의 유전자(자손)를 최대한 남기고 또 그렇게 행동하는 것이 인간심리라고 주장하는 진화심리학을 굳이 끄집어낼 필요는 없다. 보상받는 사랑만큼 좋은 것은 없다. 하지만 보상받지 못해도 상관없다. 중요한 것은 우리가 보상받지 못하는 사랑이 가진 절실한 가상을 얼마만큼 이어갈 수 있을까 하는 것이다.

　자본주의는 철두철미하게 실제적인 제도다. 그러한 제도가 글로벌리즘이라는 이름 아래 세계를 뒤덮고 있다. 비전은 현실화됨으로써 시장에서 평가받는 것이기에 현실화되지 못한 비전은 도태될 수밖에 없다. 우리는 그렇게 사고하는 버릇을 가지고 있다. 진화심리학과 사회적 다위니즘(darwinism)은 하나인 것이다. 현실과 직접적인 연결이 없는 가상과는 만날 필요가 없다. 그런 실제적인 태도가 현대의 특징이다.

　그러나 한편에서는 시대가 변해도 인간의 성질은 그다지 변하지 않는다. 첫사랑의 가상도, 물거품처럼 생겼다가 사라지는 잡힐 듯 잡히지 않는 일상생활에서의 가상도 실현되지 않았기 때문에 더욱 절실한 가상을 가져다줄 때가 있다. 일상의 작은 가상의 배후에 더 방대한 가상공간이 자리 잡고 있다. 《산시로》의 히로다 선생이 말하는 것처럼 구마모토보다 도쿄가 넓고, 도쿄보다 일본이 넓으며 일본보다 머릿속이 넓다. 물리적인 세계 전체보다도 넓은 가상공간 속에서 인류는 수많은 문학과 예술, 음악 작품을 창조했다. 그런데 그런 가상세계의 절실함을 우리는 과연 얼마나 진지하게 대면하고 있는 것일까? 결국 오늘날 《다케구라베》를 읽으며 느끼는 어려움은 비단 어려운 언어 때문만은 아닐 것이다.

바그너의 구원

현실 어디에도 없기 때문에 절실한 가상이라는 점을 생각할 때 마음속에 떠오르는 하나의 풍경이 있다. 독일 작곡가 리하르트 바그너(Richard Wagner)의 묘지 풍경이다. 바그너가 뛰어난 가상의 인간임은 두말할 필요가 없을 것이다. 바그너의 악극에 나오는 주인공 중에서 '지금, 여기'라는 현실에 만족한 실제적인 인간은 한 사람도 없었다. 《로엔그린》과 《니벨룽겐의 반지》, 《트리스탄과 이졸데》, 《파르지팔》을 비롯한 악극 속에서 바그너는 현실의 생활공간보다 가상 쪽에 리얼리티를 느끼는 인간을 일관되게 그렸다.

> 눈앞에 있는 현실의 연인에게는 눈길도 주지 않고, 초상화 속에 있는 남자의 영혼을 구하기 위하여 자신의 목숨을 던지는 장면을 몽상하는 소녀.
>
> —《방황하는 네덜란드 사람》의 젠다

> 두려움이 없어 불을 뿜는 용에게조차 공포를 느끼지 않던 젊은이가 눈앞에 누운 아름다운 여인에게 마음을 빼앗기고 그녀로부터 거절당할 것을 안 순간 처음으로 두려움을 느끼면서 어머니의 이름을 부른다.
>
> —《니벨룽겐의 반지》의 지크프리트

동생을 죽였다는 의심을 받자 자신을 궁지에서 구해줄 백조의 기사를 꿈꾸는 소녀.

―《로엔그린》의 엘자

'실제적인 것만이 건전하다'는 것이 현대 정신이라면 바그너는 철저하게 건전하지 못한 인간들을 그렸다. 실제로 바그너의 악극은 가상이라는 병에 사로잡힌 영혼들의 군상과도 같다.

빚쟁이를 피해 야반도주를 한다. 친구의 부인을 겁탈한다. 혁명에 실패하여 목숨을 걸고 도망간다. 파멸 직전에 바이에른 왕 루트비히 2세에게 구원받는다. 마치 가상과 쫓고 쫓기는 것 같은 바그너의 생애에서 마지막 순간에 도착한 곳이 바이에른의 소도시 바이로이트였다. 바이로이트에는 지금도 매년 여름 바그너의 작품만으로 음악제가 열리는 축제극장이 있다. 그곳에서 10분 정도 걸어가면 반프리트 저택이 있는데 '망상의 평온'으로 불리는 그곳의 정원에서 바그너와 아내 코지마는 만년을 함께 보냈다.

내가 처음 바이로이트를 방문한 것은 관광객이 적은 겨울이었다. 작고 아담한 마을에는 차가운 바람이 몰아치고 마치 인류가 멸망한 것처럼 인적조차 없었다. 박물관이 있는 반프리트 저택 정면의 부조(浮彫)를 바라보며 거실에 놓인 그랜드 피아노 앞에 우두커니 섰다. 그리고 후원을 돌았다. 그곳에 바그너와 코지마의 묘가 있다고 들었기 때문이다.

묘지는 쉽게 발견되지 않았다. 마침내 나무울타리를 지나 부푼 가슴으로 존경하는 예술가의 묘지를 찾았지만 나를 맞이한 것은 뜻밖의 풍경이었다. 가상의 사람, 바그너의 묘지에는 묘비명이 없었다. 아니 이름조차도 새겨져 있지 않았다. 바그너와 코지마의 시신이 묻힌 그곳의 흙 위에 그저 한 장의 돌로 만든 비석이 놓여 있을 뿐이었다. 바그너는 유언을 통해 모든 묘지 장식을 금했고 심지어는 꽃을 놓는 것조차 금했다. 그럼에도 꽃을 놓는 사람이 있어서 내가 방문한 그 겨울에도 꽃이 놓여 있었다. 하지만 묘 앞의 비석은 숭배자의 뜻있는 꽃다발조차 거절하는 것처럼 느껴졌다.

이 엄숙한 거절의 의미는 도대체 무엇일까. 나는 조용히 한 장의 돌로 만든 비석을 내려다보며 생각했다. 분명 여기에는 무언가 심상치 않은 것이 있다. 그토록 강렬하게 가상세계의 리얼리티에 목숨을 바친 사람이 자신의 묘 앞에 일체의 심벌리즘을 금한 것은 왜, 무슨 이유에서일까? 마치 해명이 필요한 불가사의하고 비밀스러운 의식이 정밀하게 의도된 것처럼 생각되었다.

며칠 후 나는 다시 도쿄의 일상으로 돌아왔다. 번잡한 거리를 걷다가도 바그너의 홀로 고요한 묘지의 정밀함을 잠시 떠올리며 도대체 그것이 무엇이었을까 생각했다. 그 강한 거절이 무언가와 상당히 비슷하다는 생각을 했지만 그것이 무엇인지는 여간해서 알 수가 없었다.

예루살렘 구 시가지의 언덕에 서 있는 '바위 돔'을 생각해낸 것은 그로부터 한참이 지난 후의 일이었다. 금빛지붕을 올린 이 건물이 바위 돔으로 불리는 것은, 예언자 모하메드가 황금빛 사다리를 타고 하늘로 올라갔다고 전해지는 바위를 돔이 덮고 있기 때문이다. 그리고 구약성경의 창세기에 따르면, 아브라함이 신의 명령에 따라 이 바위에서 아들 이사악을 제물로 올리려 했다. 예언자 모하메드가 죽은 지 약 15년 후, 이런 이중 삼중의 의미 위에 건설된 성지의 바위 돔은 이슬람양식의 초기 걸작이다. 그 앞에 서면 백색, 청색, 갈색, 금색으로 변하는 벽면의 섬세한 장식에 압도당하고, 안으로 들어가면 바위를 둘러싼 둥근 기둥의 우아함에 마음이 흔들린다. 성지의 디자인 감각이 영혼을 흔든다.

하지만 처음 바위 돔을 찾았을 때 내 마음속 깊은 곳까지 흔든 것은, 건물이 지닌 아름다움도 아니었고 카펫 위에서 정성스럽게 기도하는 사람들의 모습도 아니었다. 내 마음에 일격을 가한 것은, 돔에 둘러싸여 홀로 우뚝 놓여 있는 자연 그대로의 바위 자체였다. 이슬람교가 우상숭배를 금하고 있다는 것은 상식으로 알고 있었다. 그래서 보자마자 왜 그랬는지 바로 알 수 있었다. 인접한 기독교 구역에서 차고 넘치는 교회십자가와 상징들을 막 보고 온 나에게 자연 그대로의 바위 모습은 너무나도 대조적이었다. 종교라는 비의(秘儀)에 대한 태도로 보면, 어쩌면 이슬람 쪽이 더 철저하고 순수할 것이라는 직감이 들었다. 동시에 그 엄격한 유래를 알고 싶다는 생각도 들었다. 우상을 거절하는 엄격함의 핵심을 이해하고 싶었다.

물론 이것은 전부 이론에 지나지 않지만 당시의 나로서는 단순히 바위를 바라보는 것밖에는 달리 할 것이 없었다. 인위적인 디자인이나 꾸밈과는 거리가 먼, 일체의 장식을 거절하는 바위의 모습이 심상치 않은 무엇인가를 나에게 전해주었다. 그렇게 생각하고 뒤를 돌아보자 바그너의 묘지 앞에 서서 느꼈던 기운이 그야말로 바위 돔에서 느낀 무엇인가와 똑같은 성질의 것이었던 것처럼 느껴졌다. 예술가의 종말의 땅과 세계 종교의 성지. 겉으로 보기에는 어떤 직접적인 관계도 없어 보이는 두 개의 장소에 공통된 것은 바로 가상에 대한 태도가 아니었나 생각된다.

가상의 본질

우리가 세계에 대해 생각할 때 본질적인 요소로 떠오르는 것은 이 세계 어디에도 없는 가상이다. '진리'는 찾으면 나타나는 객관적인 존재가 아니다. 예를 들면 '페르마의 마지막 정리'를 수학자들이 300년 이상이나 걸려 설명하는 경우를 생각해보자. 우리는 이런 현상에 대해 '페르마의 마지막 정리'라는 진리가 처음부터 있었고, 그것을 인간이 찾아냈을 뿐이라는 메타포로 받아들인다. 시간이 흐름에 따라 여전히 수많은 학자들이 그것에 매달리지만 그 사이에도 '페르마의 마지막 정리'는 움직이기 어려운 '진리'로서 어딘가에 존재한다.

그런 입장을 관철하는 사람들을 수학에서는 플라톤주의자라고 부른다. 수학자나 플라톤주의자가 아니더라도 진리는 존재한다는 것이 많은 인간의 소박한 바람이다. 어딘가에 진리가 있다면 그것은 가상세계에 있다고 말할 수밖에 없다. 진리는 어딘가의 박물관에 장식되어 있는 것이 아니기 때문이다.

우리 정신의 중추에 가상이 있다. 그렇게 생각하면 '본다'는 것의 본질도 달리 보이게 된다. 물론 우리의 시각은 첫번째로 현실세계를 보기 위해서 진화해왔다. 포식자가 나타났는데 그것을 보려 하지 않는 동물이 있거나 굶주린 상태에서도 눈앞에 있는 먹이를 인식하지 않는 동물이 있다면 그런 동물은 이미 옛날에 멸종했을 것이다. 그러므로 우리의 뇌가 무엇보다도 현실의 다양성을 인식하는 방향으로 진화해 온 것은 당연한 일이다.

외부세계를 볼 때, 우리는 빛깔과 형태라는 현실의 속성에 갖가지 해석을 붙인다. 젊은 여자로도 보이고 할머니로도 보이는 유명한 '게슈탈트 쉬프트 현상'이 있다. 그림을 구성하고 있는 흑백의 다양한 층을 이루는 빛깔은 분명 외부에 있는 현실을 반영한다. 그것을 젊은 여자나 할머니로 해석하는 것은 하나의 가상이다. 흑과 백이라는 색의 감각에 비해 그것을 젊은 여자나 할머니로 해석하는 마음이 더 추상적이다. 실제로 젊은 여자도 그렇고 할머니도 그렇고, 그림을 구성하는 흑백의 감각은 흔들림 없는 존재이다. 이에 비해서 젊은 여자 또는 할머니라는 가상은 어딘가 기대하기 어렵다. 이 기대하기 어려운 개념이야말로 젊은 여자 또는 할머니라는 개념이 눈앞의 현실에 속박되지 않는 자유로운 개념의 공간 속에 소속되어 있다는 증거다.

눈을 감고 젊은 여자와 할머니를 떠올렸을 때, 이미 가상은 독립하기 시작한다. 애초에 현실세계의 다양성을 인식하기 위해 뇌 속에 생성된 가상이 현실세계의 질곡에서 해방되어 자유롭게 놀기 시작한다.

인식은 현실세계에서 출발하여 마침내 가상세계를 본거지로 삼고 움직이기 시작한다. '진리'도 '아름다움'도 '선량함'도 전부 가상세계의 요소이며, 현실세계와의 조화는 가상세계의 요소가 그 본성을 다하려 할 때 오히려 방해가 된다. 현실에 대응하는 것이 있는지 없는지와 상관없이 가상세계 고유의 논리를 추구하는 쪽이 본래의 문제가 된다. 오히려 가상세계의 논리를 완수하기 위해서는 현실세계의 대응물, 또는 대응물로 믿는 것이 방해되기 시작한다. 따라서 고바야시 히데오가 베르그송을 논한 〈감상〉 속에서 갈파하고 있듯이 시각의 존재가 역설적으로 가상세계의 진실을 '보는' 데 방해가 된다고 볼 수 있다.

화가의 비전 역시 육안을 초월해 보고자 하는 노력이 사라지지 않으면 비전의 의미를 가질 수 없다. 그는 단순히 눈이 있으니까 보는 것이 아니라 오히려 눈이 있는데도 불구하고 꿰뚫어본다.

경험주의 과학은 '지금, 여기'의 인과성을 중시하며 발달했고, 과학의 지식에 지탱하여 현대의 디지털 정보기술이 발전해왔다. 하지만 디지털 데이터로 수많은 정보를 손안에 넣을 수 있게 된 지금, 오히려 무언가를 보는 것에 대한 어려움은 늘어나고 있다. 사람들은 본래 현실에 대응물이 없는 것이 본질인 가상조차 알기 쉬운 음악과 그림으로 보여줄 것을 요구하기 시작한다. 어쩌면 현대인들은 가상을 컴퓨터그래픽으로 표현된 할리우드영화라고 생각하는 것은 아닐까? 컴퓨터그래픽을 통해 나타난 것은 가상이 아니라 '지금, 여기'라는 현실이다. 영화 속에서 순록을 타고 미소 짓는 산타클로스는 이미 가상이 아니다. 현대를 사는 우리들은 가상이란 본래 눈에 보이지 않는다는 사실을 잊고 있는 게 아닐까 생각된다.

이중 국적을 가진 정신세계

바그너의 악극 《트리스탄과 이졸데》의 마지막에 그 유명한 '사랑의 죽음'이라는 소프라노 독창이 있다. 세상에서 가장 사랑하는 트리스탄의 유골을 앞에 두고 이졸데가 환각에 빠진다.

그이가 점점 더 밝게 빛나며 하늘로 올라가고, 별들이 그이를 안고 있는 것이 보이나요? ……나만 이 아름다운 선율을 듣고 있는 건가요? 이렇게 아름답고 부드럽고 기쁨으로 가득 찬 선율을. ……

세상에 있는 모든 것을 품은 숨결 속에 가라앉고, 의식을 잃는 지고의 기쁨.

마지막에 이졸데는 속삭이듯이 연인의 뒤를 따른다. 이런 말로 악극을 끝내는 작곡가가 현실이라는 질곡에서 해방될 때 비로소 가상세계가 본래의 임무를 다할 수 있다는 사실을 몰랐을 리가 없다. 바그너의 악극을 어떻게 연출할지는 연출가의 자유이지만, 어떤 연출도 이졸데의 이 가상 자체를 그려내기는 어렵다. 또 그려서도 안 된다. 이졸데가 어떤 무대장치에서 어떤 의상을 입고 노래하건 그녀의 비전은 결코 '지금, 여기'라는 현실에 속박되지 않는 가상세계에 속하며 그 속에서 날아다닌다. 그래서 이졸데의 가상을 컴퓨터그래픽으로 재현시켜 무대에 투영하는 것은 어리석음의 극치인 것이다.

바그너뿐만 아니라 오페라가 가진 가상의 가장 중요한 부분들은 연출로 표현할 수 없으며 감히 표현해서도 안 된다. 절제야말로 뛰어난 오페라 연출의 요체이며, 이는 다른 모든 예술작품에 있어서도 똑같다고 말할 수 있다. 영화나 연극에서도 가상의 핵심은 시각적 구상으로 제시하지 않는 것이 뛰어난 연출의 지표이다.

현대인도 《트리스탄과 이졸데》 같은 작품 속에 담긴 가상이 지닌 비전의 진실성을 받아들일 줄 안다. 도쿄와 런던, 그리고 뉴욕에서 성공한 《트리스탄과 이졸데》의 상연 마지막 날에는 혹시 폭동이 일어나는 것은 아닌지, 새로운 종교가 그곳에서 탄생하는 것은 아닌지 우려할 정도로 청중들이 열광한다.

《다케구라베》를 읽고 마음이 움직이는 것도 결국 마찬가지다. 현실 어디에도 없는 가상은 현대인의 마음속에서도 중추적인 위치를 차지한다. 물론 이런 데서 장난삼아 신비주의를 주장하는 것은 아니다. 더 놀랄 만한 사실은 보기에는 무한정으로 보이는 가상의 모든 것이, 공간적으로는 지극히 한정된 머릿속에 있는 1000억 개의 신경세포 활동으로 정밀하게 만들어지고 있는 '뇌내현상' 이라는 점에 있다.

근대과학이 밝혀온 국소적 인과율을 바탕으로 한 세계관이 흔들리는 일은 아마 없을 것이다. 그 흔들림 없는 과학적 세계관의 정밀한 국소적 인과성에 바탕을 둔 뇌의 변화에 따라 미도리의 흔들리는 마음도, 이졸데의 사랑의 죽음에 대한 비전도, 내 일상의 작디작은 생각도 만들어진다.

우리의 정신은 두개골 속 '지금, 여기' 의 국소적 인과성의 세계와 '지금, 여기' 에 한정되지 않는 가상의 세계에 걸쳐 존재한다. 우리의 정신은 본래 이중 국적자인 것이다.

주(註)

1) 히구치 이치요: 《키 대보기》, 《흐린 강》, 《섣달 그믐날》 등의 대표작을 남기고, 스물넷의 나이로 요절한 일본의 여류작가이다. 메이지문학 최고 걸작으로 인정받는 《다케구라베》는 요시하라 근처 다이온지(大音寺) 앞에 사는 사춘기 어린이들

이 세상에 눈떠가는 것을 그린 작품으로, 어린이들의 세계가 어른 세계의 축소판임에 주목한 일종의 사회소설이다. 이 작품은 정교한 심리묘사와 애수가 깃든 명작으로 평가받고 있다.

3. 삶과 가상

생각하는 것과 느끼는 것

미국에 거주하는 분으로 내가 가장 존경하는 한 인지발달 연구가는 때로 과학자가 아니라 예술가로서 생각하는 것을 모토로 삼고 있다. 이것은 이미 얻을 수 있는 식견에 바탕을 둔 논리적 사고만이 아니라 그때, 그 장소에서 느껴지는 것들을 소중하게 대하겠다는 의미가 아닌가 생각된다.

원리적으로 보더라도 생각하는 것과 느끼는 것은 반드시 대립되는 것이 아니다. 방정식에 따라서 변하는 기계장치, 즉 정밀분자 기계인 뇌에서 다양한 퀄리아를 느끼는 우리의 의식이 만들어진다는 사실만으로도 그것은 분명하다.

하지만 실제로 과학적 방법론을 통해(즉 경험 가운데 숫자와 양으로 고칠 수 있는 성질을 통해) 세계를 파악하는 것과 느낌을 통해 세계를 만나는 것 사이에는 주관적 체험으로서의 단절이 있다.

실제로 퀄리아라는 문제의식을 찾아내기까지의 나는, 과학적 앎을 추구하는 정신의 지향성과 소설을 읽고 음악을 듣고 그림을 보고 감동하는 지향성 사이에서 풀기 어려운 위화감을 느끼곤 했다. 대학원에서 물리학을 공부하던 시절, 물리수학 문제 하나를 푸는 데 종종 몇 시간씩 걸린 적이 있었다. 마침내 문제를 풀면 숨을 돌리러 어둠이 내려앉은 공원 안에 있던 음악당을 향했다. 객석에 앉아 바이올린 소리를 듣거나 소프라노가 세계의 부조리를 절규하는 것을 목격하는 동안, 나는 자신이 수학과 씨름하던 때와는 전혀 다른 모드로 변화되어 가는 것을 확실하게 느낄 수 있었다.

과학적 방법론은 수량화나 방정식을 통한 표현을 통해 세상의 정밀한 재구축을 지향한다. 수학 문제를 풀 때 느끼는 환희는 그러한 논리를 하나하나 정밀하게 쌓아가는 데에 자신을 몰입시키는 기쁨이다. 한편 음악회에서 마음이 움직이고 있을 때는 논리의 구축보다는 한계 없는 무언가를 느낌으로써 세계 전체를 책임질 수 있을 것처럼 느껴졌다. 그리고 그 순간의 의식의 작용이 논리를 구축할 때와 마찬가지로 정밀하며, 다만 과학이 아직 그 비밀을 해명해내지 못하고 있는 것처럼 생각될 뿐이었다.

깊은 슬픔을 넘어섰을 때 저편으로 보이는 것. 작은 기쁨에 몰입했을 때 자신을 감싸는 것. 그런 것이 내 의식을 따라 분명하게 잡힐 것처럼 느껴졌다. 그것은 아마도 아메리카 원주민이 순수한 대자연 속에서 느꼈던 무언가와 통하는 것이었으며, 계속되는 깊은 어둠 끝에 최초의 서광을 접한 사바나 동물들의 기쁨과도 통하는 무엇이었다.

뉴턴 이후의 물리학처럼 논리를 구축하고 기계장치의 우주로서 세계 전체를 책임지는 것이 아니라 느낌으로써 세계를 책임지는 그런 길이 있을 것 같았다.

대학원에서 수학 형식에 따라 사물을 생각하던 나와 음악회의 감동적인 느낌 속에서 세상을 책임지고 있는 것처럼 느끼던 나. 이 두 개의 '나' 사이의 관계를 어떻게 생각해야 할까. 당시의 나에게 이 문제가 풀기 힘든 어려운 숙제였듯이 오늘날 많은 이과 학생들 역시 그런 딜레마를 가지고 있을 것이다. 결국 그 딜레마 때문에 퀄리아를 통해 마음과 뇌의 관계를 생각하기에 이르렀다고 본다.

사랑의 죽음을 둘러싼 절박한 상황 속에 살아가는 동안 인간은 자신이 느끼는 것 속에 세계 전체가 나타나는 것을 느낀다. 그런 가상을 느끼게 해주는 것이 뛰어난 예술이다. 사람은 주관적인 체험 속에서 빨간색을, 바이올린의 음색을, 헤아릴 수 없는 슬픔을, 단장의 애절함을, 지고의 기쁨을 느끼는 존재이기 때문에 예술을 만들어내고, 예술을 체험하고, 또 종교적인 구원을 받고자 한다. 숫자로는 나타낼 수 없는 경험의 질을 잘라

버리고 살아온 과학으로서는 인간의 이러한 의식작용을 취급할 수가 없다.

"이 세계는 느끼기에 따라서는 비극이지만 생각하기에 따라서는 희극이다."

세간에 자주 인용되는 이 말은 18세기 영국의 수상이었던 로버트 월폴(Robert Walpole)의 아들 호레이스 월폴(Horace Walpole)의 말이다.

애타는 사랑과 결코 잊혀지지 않는 사랑의 기억도 그 생존상의 이점에 대해 진화심리학적인 모델을 제시하여 설명할 수 있을 것이다. 어떤 행동을 하면 자신의 유전자를 남길 확률이 높을지, 적당한 수리모델을 만들어 연애심리의 기원을 제법 그럴싸하게 설명하는 것은 분명 하나의 희극일지도 모른다. 그러나 느끼기에 따라서, 때로 세계가 비극으로 나타나는 것이야말로 문학이라는 예술형식이 존재하는 이유이다.

《다케구라베》의 미도리, 세타로, 신여의 행동과 그 행동들의 원인을 수리모델로 만들어낼 수 있을까? 만약 그것이 가능하다 해도 《다케구라베》의 애절한 독후감의 질에는 결코 도달할 수 없을 것이다. 우리가 《다케구라베》 속에 나타나는 애절한 아름다움을 충분하게 느끼기 위해서는, 지적이고 객관적인 모델이 구축되기 전에 한 발자국 앞에 멈춰 서서 자신의 주관적인 체험

속에 몰입되어야 된다. 즉 우리는 삶을 살아야만 하며, 삶을 살아가면서 느껴야 한다.

통계의 함정

과학적 진리란 곧 통계적 진리다. 하나의 삶의 개별적 흔적에 과학적 진리가 깃드는 것이 아니라, 그런 삶이 많이 모였을 때 그곳에 나타나는 경향이 과학적 법칙이 된다. 진화론과 진화심리학에서 논의되는 진행 방법이 그런 통계적 진리의 전형이다. 한편 산다는 것은, 통계적 진리에 따르는 것이 아니라 단 한번밖에 없는 자신의 삶의 개별성에 다가가는 것이다. 어떤 행동을 하면 자신이 살아남을 가능성이 20퍼센트밖에 안 된다는 말을 들었을 때도, "아, 그래요"라며 납득할 수 있는 사람은 없다. 자신이 살 확률은 항상 0퍼센트이거나 100퍼센트이지 20퍼센트로 살아남는 그런 상태는 아니다.

산타클로스를 믿고 있는 어린이들에게, 그 나이에 산타클로스를 믿는 아이들의 비율이 몇 퍼센트라는 수치가 아무 의미 없듯이 아이들의 부모에게도 그런 수치는 의미가 없다. 부모들에게는 그저 단순히 눈앞에 구체적인 아이들이 있고, 그 아이가 있다는 것을 믿으며, 그 아이의 인생을 자신이 책임져야 된다는 사실만이 중요하다. 아이들을 키우는 것이 개별성을 책임지는 일이라는 사실은 누구라도 납득할 것이다. 어떤 교육을 하면 어떻게 클 수 있다는 확률이 참고는 되겠지만 그것만으로 아이의 개별성을 책임질 수는 없다.

발달인지학자인 장 피아제(Jean Piaget)의 저술 가운데 자신의 세 자녀의 성장을 기록한 책이 있다. 그 책 속에 나타나는 통찰은 인지발달을 생각하는 사람들에게 시사하는 바가 대단히 크다. 피아제에게도 아이는 당연히 그 무엇과도 바꿀 수 없는 소중한 존재였을 것이다. 따라서 피아제가 보고한 인지발달에 관한 통찰의 배후에는 한 인간으로서 아버지의 사랑이 있다.

피아제가 제출한 것은 N=3(샘플수 3)이라는 데이터에 지나지 않는다고 볼 수도 있다. 즉 그가 과학적 입장에서 인지발달에 대해 보편적인 어떤 것을 말할 생각이었다면 샘플수를 더 늘려야 했을지도 모른다.

틀림없이 피아제도 그런 논리는 알고 있었을 것이다. 다만 피아제는 자신의 경험에 충실하고자 했다. 성실하게 자기 아이들의 개별성에 다가가 그곳에서 무언가를 발견하고자 한 것이다. 그가 발달인지 과학자였다는 점을 제외하면, 그것은 아이를 키우는 사람 모두에게 일어나는 경험일 것이다.

통계적 진리를 아무리 참고해도 개별적인 삶을 살아가는 일과는 연결되지 않는다. 통계적 진리라는 기적의 올빼미가 황혼에서만 날아가듯, 우리들 한 사람 한 사람은 그 먼 옛날의 한낮의 시간을 살아가지 않으면 안 된다.

상처

개별성에 바짝 붙어 산다는 것은 때로 상처받는 것에서 도망칠 수 없다는 사실을 의미한다. 즉 상처받았다는 사실로부터 도망치지 못하는 현실 속에서 살아가야 한다는 것이다.

우리들 각자는 그 무엇과도 바꿀 수 없는 인생을 살아가고 있다. 자신에게 일어나는 일은 육체를 바꾸지 않는 이상 피할 수 없으며, 자신의 몸에 일어난 일은 책임질 수밖에 없는 것이 인간의 근본적인 존재조건이다.

실제로 상처를 주는 것과 동시에 상처받을 수 있다는 가능성 자체가 살아가는 데 있어서 절실함과 통하는 경우가 있다. '상처로 얻는 것(vulnerability)'은 문학의 중요한 테마이기도 하다. 특히 영원한 젊음과 아름다움에 가치를 두고 있는 것처럼 보이는 미국문학에서는 더욱 그러하다.

이야기를 만들어내는 천부적 재능을 가진 소설가 존 어빙(John Irving)의 작품에서 '상처로 얻는 것'은 중요한 모티프가 되어 있다. 예를 들면 《뉴햄프셔 호텔》에는 "열려 있는 창문을 지나쳐라"는 문구가 되풀이해서 등장한다. 열려 있는 창문으로 뛰어내리지 않도록 조심하라는 것이다. 또 《카프가 본 세상》에서 카프의 어머니는 "밀물에 주의하라"고 반복하여 말한다. 바닷가에 서서 방심하다가는 생각지도 않게 밀물에 휩쓸릴 수가 있기 때문이다. 인생에는 뜻하지 않은 곳에 뜻하지 않은 위험이

도사리고 있다. 실제로 카아프는 편집광적인 스토커와 부딪치기도 한다.

젊고 아름다우며 완전한 상태에 있다고 생각하는 사람일수록 언젠가 그런 완전한 상태를 잃어버릴 수 있다는 사실을 두려워한다. 《위대한 캐츠비》 이후의 미국 문학작품 속에는 그런 모티프가 계속 이어지고 있다. 디즈니랜드의 번쩍거리는 플라스틱 세계는 영원한 젊음과 아름다움의 메타포이다. 겉모습으로 보이는 그런 영원은 상처받은 플라스틱 패치를 교환하는 시스템으로 구성되어 있다. 하지만 인생을 바꿀 수는 없다. 주름투성이가 된 육체를 싱싱하게 젊은 육체와 교환할 수 없는 것처럼 상처받으면 상처받은 것을 책임지고 살아가는 수밖에 없다. 인간은 지나는 곳마다 사고를 당하고, 늙고, 마침내 죽게 되어 있다. 우리의 삶의 그러한 절대조건을 생각할 때, 미국문화 속에 뿌리 깊게 존재하는 영원한 젊음에 대한 집착은 오히려 아프게까지 느껴진다.

예술, 상처로 돌려주는 감동

역설적이지만 뛰어난 예술작품은 사람의 마음에 상처를 준다. 극단적으로 말하면 사람들은 예술작품을 접함으로써 적극적으로 상처받기를 바란다고까지 말할 수 있다. 그러나 그 상처는 마음에 없는 말처럼 불쾌한 형태가 아니다. 그 순간 우리는 무언가가 자신의 깊은 곳까지 들어온 것 같은 느낌을 받는다. 그래서 '아, 당했다'라고 생각한다. 그 과정에서 지금까지 세계에 대해 몰랐던 것을 알아차리게 된다. 뛰어난 예술은 그런 형태로 우리의 마음에 상처를 입힌다.

《겐지 모노가타리源氏物語》[1]도 마찬가지였다. 아서 데이비드 웨일리(Arthur David Waley)의 영어번역본을 읽었을 때, 난 첫 페이지에서 벌써 눈물이 날 것 같았다. 영어문장은 기본적으로 감정표현을 억제한 엄숙한 스타일을 이상으로 삼는다. 그러한 영어표현에서 갑자기 아주 부드럽고 애절한 문장이 나타나자 가슴이 내려앉으면서 마음 한쪽이 잘려나갔다.

도키노제가 가장 사랑하는 여인이 병으로 쓰러진다. 하지만 여러 가지 사정으로 문병을 갈 수 없다. 언젠가는 다가올 이별이었지만 이렇게 빨리 올 줄은 차마 몰랐다. 사람이 세상을 살아가야 하는 애절함과 사랑스러움을 직설적으로 표현하며 《겐지 모노가타리》는 부드럽게 사람의 마음에 상처를 입힌다.

나츠메 소세키의 《그로부터》를 읽고 난 후에도 난 '당했다'고 생각하였다. 마치 마음속 상처에서 피가 흐르는 것처럼 느껴졌다.

"가도노, 잠깐 일자리를 알아보고 올게"라고 말하고는 급히 모자를 쓰고 한창 햇볕이 뜨거운 거리로 뛰쳐나갔다. (중략) "타들어가는군. 타들어가"라고 걸으면서 입속으로 중얼거렸다.

이이다바시로 가서 전차를 탔다. 전차는 미끄러지듯이 달리기 시작했다. 다이스케는 차 안에서 "아, 움직인다. 세상이 움직여"라며 옆사람에게 들릴 만큼 큰소리로 말했다.

(중략) 문득 빨간 우체통이 눈에 들어왔다. 그러자 그 빨강색이 다이스케의 머릿속을 헤집고 들어와 빙빙 소용돌이치기 시작했다. 양산집 간판에 빨간 양산 네 개가 겹쳐져 높이 매달려 있었다. 이번에는 양산의 색이 다이스케의 머릿속으로 들어와 빙빙 돌기 시작했다. 전차가 갑자기 모퉁이를 돌자 풍선이 쫓아와 다이스케의 머리에 달라붙었다. 소포를 실은 빨간 차가 잠시 전차와 스칠 때 또다시 다이스케의 머릿속으로 빨강색이 뛰어들었다. 담뱃가게 입구에 쳐 놓은 깃발도 빨갰고 전신주도 빨갰다. 빨간 페인트칠을 한 간판이 계속 이어졌다. 그리고 마지막에는 세상이 온통 새빨개졌다. 그렇게 다이스케의 머릿속을 중심으로 해서 빙글빙글 불길을 내뿜으며 돌았다. 다이스케는 자신의 머릿속이 다 타버릴 때까지 전차를 타고 가겠다고 결심했다.

고등유민을 자처하던 다이스케가 과거에 친구에게 양보했던 미치요와의 진실한 사랑에 눈을 뜬다. 갈등 끝에 그는 불의의 사랑을 관철하기로 결심한다. 그 결과, 아버지의 경제적 도움으로 생활은 안정되어 있었지만 정신적 자유가 없던 생활에서, 자유롭지만 아무런 보장도 없는 세상 속으로 갑자기 내쳐진다.

뛰어난 예술작품으로 인해 마음의 상처를 받았을 때는 확실하게 그 감촉을 알 수 있다. 다이스케와 똑같은 경우에 빠진 적이 없는 사람이라도 본질적인 의미에서 다이스케의 운명이 자신의 삶에서도 일어날 수 있다는 사실을 지각한다. 거기에는 틀림없이 확실한 주관적 체험의 질인 퀄리아가 있다.

때로는 그 예술작품이 가지고 있는 독을 오랫동안 알아차리지 못하는 경우도 있다. 나츠메 소세키의 《도련님》에서도 그런 일이 있었다. 어떤 사람이 나에게 아베 긴야(阿部謹也)[2]가 자신의 저서에서 《도련님》의 등장인물 가운데 빨간 셔츠가 사실은 소세키 자신을 지칭하고 있다는 말을 해주었다. 그 말을 들은 순간, 난 《도련님》이라는 작품이 감추고 있는 독성을 알아차리지 못했다는 사실을 깨달았다.

나는 소세키가 계속해서 감정이입을 하고 있는 인물은 주인공인 '도련님'이라고만 생각했다. 그리고 학생으로서 제국문학을 읽고 영문학 지식을 피력하는 빨간 셔츠는 반감을 가질 만한 '적군' 형 인물이라고 생각했다. 하지만 다시 생각해보니 빨간 셔츠야말로 《도련님》의 등장인물 가운데 소세키 본인과 가장 가까운 객관적 프로필을 가지고 있었다. 소세키가 자신이 빨간 셔츠임을 아플 정도로 자각하면서 그래도 《도련님》의 세계관에 애정 가득한 공감을 보내며 소설을 썼다는 사실을 안 순간, 난 마치 심장 한쪽을 도려낸 것처럼 소세키에게 당했다는 생각이 들었다. 그리고 자신의 생각이 얄팍했음을 처절하게 느꼈다.

빨간 셔츠가 우라나리기미로부터 마돈나를 약탈해 가는 것은 말년의 '마음'에서도 반복되는 패턴이다. 그 사실을 알아차렸을 때 난 소세키의 마음에 깃든 병의 깊이를 알게 된 동시에 《도련님》이라는 작품이 지닌 위대함을 다시 한번 인식하였다.

《도련님》 풍의 청춘소설은 얼마든지 있을 것이다. 하지만 그 작가들 가운데 자신이 쓰고 있는 청춘세계에 대해, 자기 역시 한 사람의 빨간 셔츠에 지나지 않는다는 사실을 자각하는 사람이 과연 얼마나 있을까?

애당초 청춘 한가운데 있는 자에게 청춘의 본질을 표현하기는 어렵다. 부모로부터 물려받아 단순무식하고 어릴 때부터 손해만 보고 사는 '도련님' 자신이 자기 일을 그렇게까지 교묘하게 할 리가 없다. 그렇게 생각하면 '자기가 빨간 셔츠'라는 아픔은 모든 표현하는 자들이 피해갈 수 없는 사실이다.

소세키가 빨간 셔츠라는 사실을 알아차림으로써 《도련님》은 내 마음 더 깊은 곳에서 상처를 내고 그만큼 깊은 인상을 남긴 예술작품이 되었다. 몸의 상처와 마찬가지로 뛰어난 예술작품에 의한 마음의 상처도 그 상처가 깊을수록 치유에 시간이 걸린다. 나는 앞으로도 오랫동안 《도련님》에서 소세키가 빨간 셔츠라는 아픔을 느끼게 될 것이다.

상처받은 뇌의 재편성

어떤 체험으로 마음에 상처를 받았다는 것은, 다른 말로 바꾸면 그 체험으로 인한 뇌 속 신경중추의 활동으로 뇌가 대규모의 재편성을 하게 되었다는 뜻이다.

몸은 상처를 입으면 세포가 분열되어 상처 부위의 조직이 재편성됨으로써 겉보기에는 예전과 다름없는 새로운 조직이 만들어진다. 물론 팔을 자르거나 상처의 정도가 심할 때는 원래 상태로 회복이 불가능한 경우도 있고, 또 겉으로는 원래 상태로 회복된 것 같지만 미세하게 관찰하면 다른 조직으로 되어 있는 경우도 있다.

뛰어난 예술작품과의 만남이 뇌에 미치는 작용도 위와 같은 신체의 재조직화, 재편성의 과정과 비슷하다. 감동받은 깊이와 크기가 그 작품과의 접촉을 계기로 시작된 뇌의 재편성 과정의 깊이와 크기의 지표가 된다.

생각해보면 예술작품뿐만 아니라 하루 종일 생활 속에서 만나는 다양한 일 가운데서도 그 일부분만이 기억에 남는다. 이렇듯 기억이 대상을 취사선택하는 것은, 뇌의 편도체(扁桃體)를 중심으로 한 정동계(情動系)와 해마(海馬)를 중심으로 한 기억계의 상호작용으로 보인다. 어떤 감각입력이 그전까지 뇌 속에 쌓인 인지틀 속에서 처리될 수 있다면 그것은 특별히 기억해둘 필요가 없어지게 된다.

한편 기존의 인지틀 속에서 처리하지 못하는 체험은 세계에 대해 중요한 메시지를 전한다. 인지 네트워크의 재편성을 필요로 하는 체험은 그것만의 신기함을 가지고 있다. 그렇기 때문에 뇌는 가지고 있는 자원을 동원하여 새로운 사상을 자신의 인지 시스템 속으로 가져오고자 한다. 그 결과 발생하는 것이 인상에 강하게 남는 기억이며, 뇌의 기억과 인지 네트워크의 대규모적인 재편성이다. 신기함과 더불어 자신의 삶의 본질에 그 체험이 얼마나 절실한 것인가 하는 '가치' 판단은 편도체를 중심으로 한 정동계의 역할로 보인다. 신기함과 가치판단을 토대로, 해마와 대뇌피질의 측두엽을 중심으로 한 기억의 네트워크가 필요한 재편성을 하는 것이다.

그런데 강렬한 인상을 남기는 체험을 받아들인 재편성은 의식이 컨트롤할 수 있는 과정으로 일어나는 것은 아니다. 그래서 그 재편성의 결과로 발생하는 일에 스스로도 놀라는 경우가 있다. 이렇듯 재편성의 결과 새로운 것이 만들어지는 과정을 사람들은 창조라고 부른다. 놀라운 경험을 하게 되면 사람들은 스스로 어떤 것을 만들고 싶어한다. 적당한 형태로 마음(뇌)이 상처 받음으로써 치유의 과정으로 창조과정이 시작된다. 뇌는 상처 받지 않으면 창조도 할 수 없는 것이다.

마음의 상처가 쏟아내는 가상

언어를 획득하고 정보적인 존재가 되었을 때 인간은 그 전까지 존재하던 순수한 생명체 이외의 요소를 획득하게 되었다. 그래서 음식과 마실 것 등 생존의 기본적인 조건이 채워진 후의 인간의 욕망은 거의 대부분 뇌 속에서 만들어져 소비하게 되었다. 그렇지만 여전히 인간은 살아가기 위해 다른 생명체의 목숨을 빼앗고, 상처를 입으면 피가 나는 존재이다. 사람이 살아간다는 것은 그만큼 대단한 것이다. 누군가의 행복은 때로 다른 누군가의 불행 위에 성립된다. 적어도 문명이 발달하고 많은 사람들이 생존을 보장받기까지의 인류의 오랜 역사에서는 분명히 그랬다.

일본 민속학의 창시자로 불리는 야나기다 구니오(柳田國男)[3]는 자전적 에세이 《고향 70년》에서 이바라키 현에 사는 큰형 집에 몸을 의탁했던 열세 살 때의 일을 기록했다.

누노카와에 가서 또 한 가지 놀란 것은 '니지세미(二兒制: 세 명 이상의 자식은 솎아낸다는 의미로, 나머지 자식들은 살해당하거나 팔려나감–옮긴이)'라는 제도로, 모든 집이 하나같이 남자아이와 여자아이, 또는 여자아이와 남자아이 두 명밖에 없다는 사실이었다. 내가 '8형제'라고 말하자 마을 사람들은 "도대체 어떻게 할 거냐"며 눈을 동그랗게 뜰 정도였다. 어린 나이였지만 이 시스템을 연구하지 않을 수 없었던 사정은 나도 이해할 수 있었다.

여기서 야나기다 구니오가 아무렇지도 않게 '이아제'라고 쓰고 있는 의미를 깨달았을 때, 난 내 상상력의 부재를 느꼈다.
남녀가 태어날 확률이 각각 2분의 1인 이상, 원칙적으로 보면 모든 집이 남아 1명, 여아 1명이라는 것은 있을 수 없는 일이다. 만약 이런 일이 실현되기 위해서는 일단 태어난 다음에 선택하는 수밖에 없다. 생각해보면 자녀의 숫자가 적어짐과 동시에 태어난 사람이 거의 대부분 수명을 다하고 자연사하게 된 것은 극히 최근의 일이다. 그전에는 그야말로 토머스 맬서스(Thomas Malthus)가 《인구론》에서 제시한 세계가 있었던 것은 아닐까? 단순하게 생각할 때, 예를 들어 네 명의 자녀가 태어날 경우 그중 두 명이 죽지 않으면 인구가 증가하면서 환경에 대한 부담이 늘어나게 된다. 식량을 안정적으로 보장받지 못하던 인류의 오랜 역사 속에서 이것은 무엇을 의미하는 것일까? 야나기다는 문장 말미에 이렇게 쓰고 있다.

> 그 지방은 심각한 기근이 닥쳤던 곳이다. 식량이 떨어졌을 때 그것을 조절하는 방법은 죽음 이외에는 없다. 일본의 인구를 거꾸로 올라가 살펴보면 세이난전쟁(西南戰爭)[4] 무렵에는 대략 3000만 명을 유지해왔다. 그런데 이것은 지금 이루어지고 있는 인공 임신중절 방식이 아니라 더 노골적인 방식으로 유지되어 온 것이었다. ……나 역시 기근이 가져온 참사를 경험한 적이 있다. 그 경험이 나를 민속학으로 인도해주었는데, 기근을 근절해야겠다는 마음이 나를 이 학문으로 몰아세우면서 한때 농상무성에 들어가게 된 계기가 되었다.

내가 부끄러웠던 것은 인간이 애초에 살아 있는 생명체이며, 생명체인 이상 혹독한 생존조건에 처해져 왔다는 사실을 이론으로는 알고 있어도 감각적으로는 잊고 있었다는 사실이었다. 즉 나는 완전히 문명에 길들여져 있었던 것이다.

진실은 무서운 모습을 하고 있다. 사람과 사람 사이에는 우정만 있는 것이 아니다. 문명 속을 살아가는 현재의 우리에게 과연 행복의 예정된 조화가 있는지, 어떤 사람의 행복이 다른 사람의 불행을 의미하지는 않는지 미심쩍어진다. 그것은 연애를 생각해보더라도 알 수 있다.

사람은 왜 '평화'라는 가상을 만들어내고, '사랑'이라는 가상을 만들어내야만 하는 것일까?

헤이안불교를 특징짓는 '극락정토(極樂淨土)'라는 비전은 삶의 어떤 필연성에서 태어난 것일까? 수행자가 마침내 죽을 때가 되면 머나먼 피안의 세계에서 영혼을 구원하기 위하여 무서운 속도로 보살이 날아온다는 '조래영도(早來迎圖: 일본의 국보로 일명 아미타 25반야 영도-옮긴이)'를 만들어낸 것은 어떤 바람이었을까?

문명이 발달한 현대에도 부모의 사랑을 충분하게 받지 못하고 자라는 아이들이 있다. 어른들조차 생존이 불안했던, 압도적으로 긴 인류 역사 속에서 아이들은 어떤 상황에 처해져 있었을까?

머나먼 피안의 세계에서 무조건적인 사랑을 전하기 위하여 순록이 끄는 썰매를 타고 찾아오는 산타클로스는 '조래영도'의 보살처럼 인간의 애타는 염원이 만들어낸 가상은 아니었을까?

우리 의식 속에서 만들어진 수많은 가상은 극도로 혹독한 생존조건에서 우리의 마음이 상처받고, 그 상처가 치유될 때 방사되는 빛과 같은 것이 아니었을까?

문명에 완전히 길들여져 스스로도 안타까울 만큼 혹독한 삶을 살아가는 현대의 우리들은 한번쯤 진정으로 이러한 문제를 깊이 생각해볼 필요가 있을 것이다.

구원의 문제

고바야시 히데오는 《나의 인생관》에서 다음과 같이 말한다.

> 《아함경》에 이런 이야기가 있다. 어떤 사람이 석가에게 "이 세상은 무상(無常)한가? 상주(常住)인가? 유한(有限)한가? 무한(無限)한가? 생명이란 무엇이며 육체는 무엇인가?" 등의 형이상학적인 여러 가지 질문에 대해 해답을 요구했다. 석가는 "이 질문에 답할 수 없다. 너는 독화살을 맞고서 의사에게 독화살의 본질에 대한 답을 요구하는 부상당한 사람과도 같다. 어떤 해답이 주어지건 그것은 너의 고통이나 죽음과는 아무 상관없는 일이다. 나는 독화살을 뽑는 것을 가르칠 뿐이다"라고 답했다.

살아 있는 이상 인간은 갖가지 독화살을 맞게 된다. 이는 어쩔 수가 없는 일이다. 사람의 마음은 언제든지 교환할 수 있는 플라스틱으로 만들어지지 않았다. 상처를 입으면 상처 입은 대로 어떻게든 그 상황을 받아들이고 살아가는 수밖에 없다.

독화살을 빼는 일보다도 독화살이 어떻게 생겼는지 해명에 전념해 온 것이 과학이다. 과학이 영혼을 구원하는 문제에 관심을 갖지 않는 것은 당연한 일이다. 과학은 기쁨이나 슬픔, 탄식이나 분노를 그 방법론의 적용대상으로 삼지 않는다. 그것들이 숫자로 변환시킬 수 없는 주관적 체험 속에 있기 때문이다.

특정 종교를 믿거나 믿지 않는 것은 개인의 자유다. 하지만 인간이 만들어낸 가상을 미신이라며 잘라버린다고 해서 무엇이 달라질까? 세상의 인과적 이해가 아무리 진행되어도 언젠가 죽을 것이라는 사실에는 변함이 없다.

과학은 사고당하지 않고 병에만 걸리지 않으면 노후를 맞이할 수 있는 문명이라는 안전지대를 많은 사람들에게 만들어주었다. 하지만 편하고 따스한 품속에서 우리는 수많은 가상을 만들어온 삶이 주는 절실함을 잃어버리고 말았다. 삶이 주는 절실함을 잃어버린 채 어떻게 현실에 제대로 대응할 수 있단 말인가.

가상으로 유지되고 영혼의 자유가 있고서야 우리는 비로소 가혹한 현실에 대면할 수 있게 된다. 그것이 의식을 가진 인간의 본성인 것이다.

주(註)

1) 겐지 모노가타리: 일본 고전문학을 대표하는 장편소설로 11세기에 씌어졌다. 애초에는 '겐지노모노가타리(源氏の物語)'로 불렸으나 가마쿠라시대에는 '히카루겐지 모노가타리'가 일반적이었다. 겐지는 천황인 아버지를 둔 최고 신분의 귀공자로 준수한 외모, 음악, 무술, 학문에 이르기까지 모든 면에서 최고를 자랑하는 영웅적 존재로 그려진다. 이 책에서는 수많은 여자들과 겐지의 '사랑 이야기'를 중심으로 그의 일생과 그 자손들의 이야기를 그렸다.

2) 아베 긴야: 현재 히토쓰바시대학 명예교수로 서양 중세사에 정통한 사학자이다. 주요 저서로 《교양이란 무엇인가》, 《세켄이란 무엇인가》, 《중세의 풍경》, 《중세 천민의 우주》, 《아베 긴야 저작집》(전 10권) 등이 있다

3) 야나기다 구니오: 일본 민속학의 창시자이자 사상가이다.

4) 세이난전쟁: 사족반란이라고도 불리는 이 전쟁은 1877년 가고시마의 사족인 사이고 다카모리를 우두머리로 하여 일어난 반란으로, 규슈의 남쪽 지역 전체에 걸친 내란으로 확대되었지만 근대적 장비를 갖춘 정부의 징병군인에게 패하고 사이고 다카모리는 자결했다.

4. 안전기지로서의 현실

현실이란 무엇인가

우리의 의식은 두개골 속에 있는 1리터의 뇌에 갇혀 있으면서 광대한 세계를 지향하고 있다. 눈앞에 있는 컵이 컵이라는 사실을 알고 있는 것 자체가 이미 하나의 기적이다. 원리적으로는 뇌내현상에 지나지 않는 우리의 의식이 눈앞의 컵을 인식하고, 이 세상 어디에도 존재하지 않는 뿔 달린 괴물과 산타클로스, 극락정토를 지향한다. 그런 의식의 작용 속에 우리 인간 정신의 모든 것이 있다.

의식의 작용 속에서 우리는 현실을 본다. 물질로서 분명히 존재하는 현실과 이 세상 어디에도 존재하지 않는 가상을 구별하는 것은 생명체로서 인간의 생존 요건 가운데 가장 중요한 것이다. 산타클로스를 가상하는 어린이도 목이 마를 때는 현실에 있는 물을 찾아야 된다는 사실을 알고 있다. 아무리 웅장한 공상을 해도 현실적인 먹을거리가 없으면 인간은 죽고 만다. 인간의 정신에서 가상이 소중한 의미를 가지고 있는 것은 분명하지만 현실의 후원이 없으면 그 의미 자체가 어려워진다.

그렇다면 도대체 현실이란 무엇일까? 가장 소박한 의미에서의 현실은 분명 존재하고 있는 것처럼 보인다. 아침에 집을 나섰다가 저녁에 돌아오면 별다른 일이 발생하지 않는 이상 집은 분명히 그곳에 있다. 몇 년 만에 찾은 거리에서 까맣게 잊고 있던 작은 찻집 앞을 지나갈 때가 있다. 자신이 그 찻집의 존재를 잊고 살던 동안에도 계속해서 찻집이 존재했다는 사실은 분명히 '현실'적인 감각을 준다. 10년 전에 한번 방문했을 뿐인 관광지는 자신이 그 후 다시 찾지 않아도 다소의 변화를 겪으며 분명 그곳에 존재하고 있을 거라고 믿을 수 있다.

과학에서 다루는 경험이건 또는 경험이 아니건 간에 스스로 경험한 것 전체를 되돌아보면, 그곳에 현실의 공간이 존재하고 시간이 존재하고 수많은 물질이 가득 차 있다는 것을 분명히 알 수 있다. 그들 '현실'은 우리가 무엇을 가상하고 공상하건 그와 상관없이 늘 존재하는 것처럼 보인다.

이 '현실' 속에는 생명체들이 살아남기 위하여 한정된 먹이를 찾아 싸우는 혹독한 생존경쟁의 현장은 있지만, 산타클로스와 뿔 달린 괴물 따위는 존재하지 않는다. 이 현실 속에 산타클로스와 뿔 달린 괴물이 존재한다고 생각하는 것은 할 일 없는 몽상가들뿐이다.

뉴턴 이후 축적되어 온 물리학의 지식은 그런 '현실' 세계를 다루어 왔다. 현실을 잘 다루는 것은 인간이 생물로서 살아남기 위해 꼭 필요한 일이었다. 오늘날 우리가 그 편리함을 누리고 있는 자동차와 비행기, 컴퓨터 등의 모든 것은 현실 속에 존재하는 것들이다.

맑은 날씨가 계속되는데 기우제를 지낸들 무슨 소용이 있는가? 일기 변화는 공기 속 분자의 연동으로 결정되는 것이 아닌가? 그런 곳에 가상을 가져다 붙인들 아무런 의미도 없다.

우리의 생존은 분명 현실이라고 부르는 세계의 진행 없이는 존재하지 않는다. 전혀 가상하지 않고 존재하는 인간은 상상할 수 있지만, 현실에 의지하지 않고 존재하는 인간은 상상할 수 없다. 그렇다면 우리의 생존 기초인 현실이란 도대체 무엇일까?

현실과 가상의 시초

현실이든 가상이든 전부 우리 뇌 속에 있는 신경세포의 활동이 만들어내는 뇌내현상이다. 그러나 여기부터 여기까지가 현실이고 그 다음부터는 가상이라고 명확하게 정해져 있지는 않다.

현실과 가상의 구별은 아프리오리(a priori: 선험적, 선천적)로 고정되어 있는 것이 아니며, 하나로 이어지는 뇌내현상의 스펙트럼에서 후발로 올라오는 것이다.

갓 태어난 아기가 경험하는 것은 전부 평범한 질감의 세계다. 그곳에는 아직 현실도 가상도 자기도 외부세계도 존재하지 않는다.

신생아는 끊임없이 자기 몸을 더듬어본다. 셀프 터치라 불리는 이 과정을 거쳐 신생아는 차츰 어디서 어디까지가 자기의 몸이며, 어디에서 외부세계가 시작되는지를 배워간다. 무엇인가를 만졌을 때, 그것을 능동적으로 '만지는' 감각과 수동적으로 '만져지는' 감각이 동시에 생긴다면 만진 대상은 자신의 몸이다. 한편 능동적으로 '만지는' 감각만 생긴다면 만진 대상은 자기 몸 이외의 외부세계다.

우리의 몸도 현실이며 몸 주변으로 확대되는 외부세계 또한 현실이다. 외부세계라는 현실에는 자신을 알아주고 여러 가지 도움을 주는 어머니와 아버지, 그밖에 보호자로 불리는 다른 사람들이 있다. 몸이라는 현실은 외부세계라는 현실에 의지하지 않고는 존재할 수 없다. 어머니가 우유를 주지 않으면, 아버지가 따뜻한 담요를 덮어주지 않으면 몸이라는 현실은 존재하기도 어렵고 살아남을 수도 없다. 신생아는 본능적으로 그 사실을 알고 있다. 그런 현실의 표상을 획득하기 시작하면서 신생아의 뇌 속에는 이미 여러 가지 가상이 만들어질 것이다.

인간이 가진 뇌의 성질 가운데 가장 눈에 띄는 것 하나는, 외부세계로부터 아무런 입력이 없는 상태에서도 신경세포가 항상 자발적으로 활동하고 있다는 사실이다. 컴퓨터의 경우에는 정보의 입력이 있거나 특정 프로그램이 실행되어 구체적인 명령이 주어지지 않는 이상 기본적인 상태가 변하는 일은 없다. 그러나 뇌라는 시스템의 근본인 신경세포의 활동은 특별한 입력, 특정한 계산이 실행되지 않는 상태에서도 항상 어느 정도의 자발적 활동을 유지한다.

아직 분화되지 않고 원시적인 형태이기는 하지만 신생아의 뇌는 그런 자발적 활동 속에서 차차 다양한 가상을 만들어나갈 것으로 추정된다. 현재 뇌과학의 지식수준 상태에서는 상세한 것을 알 수 없다. 다만 '자기', '외부세계', '다른 사람', '쾌', '불쾌' 라는 조악한 분절화 속에 각각의 카테고리로 몇 가지 가상이 생기고, 그것이 점차 복잡하고 다양하게 분화되어 나간다. 그런 과정 속에서 언어를 획득하고, '산타클로스' 같은 가상도 차츰 획득해 나갈 것이다.

뇌 속에 준비되어 있는 가상이 복잡하고 풍부할수록 현실과 가상 사이를 조화시켜주는 의식의 과정도 외부세계의 양상에 적절하게 대응할 수 있게 된다. 인간은 한편에서는 외부세계와 활발하게 상호작용을 하지만, 다른 한편에서는 뇌 속 신경세포의 자발적인 활동에 의지하여 자기 속에 활성화시킨 가상의 숫자만큼 현실을 풍요롭게 파악할 수 있게 된다.

감각의 양상을 넘어선 통합

우리는 시각, 청각, 미각, 촉각, 후각이라는 다양한 감각 양상(樣相)을 통해 외부세계의 모습과 자신의 몸의 모습을 파악한다. 그리고 각각의 감각 양상 속에서 감각 양상 고유의 퀄리아를 느낄 수 있다.

예를 들면, 빨간 퀄리아와 파란 퀄리아, 금속광택이 나는 퀄리아는 각각 특이한 질감으로 의식되지만 이것은 전부 '시각' 양상에 속하는 퀄리아로서 분명히 공통된 무엇인가를 가지고 있는 것처럼 느껴진다. 한편 초콜릿의 달콤함, 사과의 달콤새콤함, 고추의 매운맛이라는 퀄리아도 각각 특이한 질감으로 느끼지만 전부 '미각'의 퀄리아로서 공통된 성질을 가지고 있는 것처럼 느껴진다. 그리고 '시각' 퀄리아와 '미각' 퀄리아 사이에는 서로를 절대로 혼동할 수 없는 확실한 차이가 있다.

기본적으로 시각이든 미각이든 각각의 감각을 관통하는 뇌 영역의 신경세포 하나하나에 차이가 있는 것은 아니다. 그럼에도 신경세포 사이로 이어지는 관계성을 통해 전혀 다른 퀄리아가 의식 속에 만들어진다. 이러한 사실은 뇌와 마음의 관계를 생각하는 데 있어 가장 중요한 요소인 동시에 그 배후의 원리를 밝혀내기가 무척 힘든 문제 가운데 하나다. 동시에 우리가 의식 속에서 체험하는 세계의 다양함과 풍요로움의 원천이 되기도 한다.

우리가 이 세계에 물질로 존재하는 자신의 몸과 외부세계라는 '현실'을 인식하기 위해서는, 복수의 양상과 양상 사이에 걸쳐 있는 감각입력 사이에 '일치'를 보는 것이 중요한 요건이 된다. 예를 들어 눈앞에 물이 들어 있는 컵이 있다고 치자. 그것을 보고 있을 때 우리의 마음속에 느껴지는 것은 색, 투명함, 빛, 그리고 광택이라는 다양한 시각 퀄리아다. 이 복잡하고 풍부한 퀄리아의 분포가 우리의 의식 속에 '컵'이라는 체험을 만들어낸다.

우리는 과거의 경험을 통해, 그렇게 보이는 컵이 아마도 현실에 존재하고 있는 컵일 것이라고 생각한다. 하지만 그 현실감이 보다 더 확실해지는 것은 손을 뻗어 실제로 그 컵을 잡았을 때다. 이때 느껴지는 컵의 촉감 퀄리아가 시각으로 잡힌 퀄리아의 표상과 일치하기 때문에 우리는 그곳에 현실의 컵이 있다는 리얼리티를 느낄 수가 있다. 만약 분명히 컵이 있다고 생각한 장소에 손을 뻗어도 아무런 촉감을 느끼지 못한다면, 우리의 리얼리티 감각은 상당히 동요할 것이다. 그리고 자신이 지금 보고 있는 것이 어쩌면 환각일지도 모른다는 의심이 생길 것이다.

눈앞의 컵을 잡음으로써 시각과 촉각 정보가 일치한다. 컵을 입술에 대면 그 차가운 촉감으로 인해 그곳에 현실의 컵이 있다는 보다 강한 확신을 갖게 된다. 컵을 칼로 두드려 소리가 남과 동시에 그 반동이 느껴지면 컵이라는 현실의 존재는 의심할 여지없이 확실한 사실이 된다.

이렇듯 복수의 감각 양상을 통해 얻어진 정보가 일치됨으로써 우리의 현실감을 유지시켜준다. 이와 반대로 그런 일치가 성립되지 않는 것을 우리는 '가상'이라고 부른다.

유령, 가상을 말하다

우리가 어떤 존재에게 리얼리티를 느끼는 또 한 가지 계기는, 그 존재가 이 세상에 미치는 작용이 하나가 아니라 복수의 경로를 경유한다는 발견이다. 예를 들면 어떤 존재가 순수하게 시각적 표상으로서 존재할 뿐만 아니라 그것과는 독립된 다른 작용도 하고 있다는 발견이 그 존재의 리얼리티를 높여주는 경우가 있다.

자동차는 단순히 시각적 표상으로서 달릴 뿐만 아니라 엔진 소리와 타이어의 마찰음을 내면서 리얼한 존재가 된다. 사이렌을 울리는 순찰차나 소방차는 더 리얼한 존재가 된다. 아이들이 이러한 긴급차량에 끌리는 이유가 의외로 이 부분 때문인지도 모른다.

미시마 유키오(三島由紀夫)[1]는 《소설이란 무엇인가》에서 야나기다 구니오의 《엔노 이야기》 속에 있는 다음과 같은 구절을 소개하며 "여기에 소설이 있었다"고 절찬했다.

사사키 씨의 증조모가 돌아가시자 친척들은 서둘러 입관을 한 다음

그날 밤 모두 한곳에서 잠을 자게 되었다. 죽은 이의 딸이자 연락이 끊어졌던 부인도 그들 속에 끼어 있었다. 상을 치르는 동안에는 불씨가 꺼지는 것을 금하기 때문에 행여 바람이라도 불까 할머니와 어머니가 불씨를 지키고 있었다. 어머니는 커다란 난로 뒤편에 앉아 한쪽에 숯 그릇을 두고 가끔씩 탄을 뒤적여주었다.

    그러다가 문득 뒷문에서 발소리가 들려, 누가 왔는가 싶어 뒤돌아보았는데 그곳에 죽은 할머니가 서 있었다. 허리가 굽다보니 옷소매가 끌리지 않도록 삼각으로 올려 접어 앞으로 꿰맨 모습이 영락없이 살아생전 그대로의 모습이라 한눈에 알아볼 수 있었다. 죽은 할머니는 눈깜짝할 사이에 두 여자가 앉은 난로 옆을 지나갔다. 죽은 할머니의 옷소매에 숯이 걸려 둥근 숯이 빙글빙글 돌았다. 이러한 상황에서도 기가 눌리지 않은 어머니가 뒤돌아보니, 할머니는 이미 친척들이 누워 있는 방 쪽으로 다가가고 있었다. 그리고 그 순간 "할머니가 왔다!"며 날카로운 여자 목소리가 비명을 질렀다.

    미시마 유키오가 절찬하고 있는 것은 "옷소매로 숯을 건드리자 둥근 숯이 빙글빙글 돌았다"라는 부분이다. 미시마는 바로 이 순간, 유령이라는 초현실이 현실로 변했다고 해설한다.

    즉 이야기는 이때 2단계로 들어간다. 망령이 출현하는 단계에서는 현실과 초현실이 함께 존재한다. 하지만 숯의 회전으로 초현실이 현실을 침범하여 환각으로 치부할 수 있는 가능성이 사라진다. 이로 인해 인식세계가 역전되면서 유령 쪽이 '현실'이 되어버렸기 때문이다…….

그 원인은 어디까지나 숯의 회전에 있다. 숯이 '빙글빙글' 돌지 않았으면 이런 일은 없었을 것이다. 숯은 이른바 현실의 위치를 바꾸는 관절과도 같아서 이것이 없으면 우리는 고작해야 '현실과 초현실의 병존 상태'까지밖에 도달하지 못한다. 여기에서 한발 더 나아가기 위해서는(이 한발이야말로 본질적인 것이다) 반드시 숯이 돌아야만 된다.

— 미시마 유키오, 《소설이란 무엇인가》

'할머니의 유령'이 순수하게 시각적인 표상으로 존재하는 동안에는 그것이 가령 뚜렷하고 선명하게 보였다 하더라도 환각이라고 생각할 수 있다. 하지만 옷소매 끝이 숯 그릇을 건드려 숯이 빙글빙글 돈 순간, 그것을 보고 있는 사람에게 유령의 리얼리티 강도가 비약적으로 높아진다. 시각적 표상이 동시에 물리적 접촉을 통해 이 세계에 작용하면, 그것은 환상이 아니라 필시 현실 속의 존재일 것이라는 확신이 극적으로 높아지는 것이다. 그리고 그 확신은 '할머니가 왔다'는 비명으로 완결된다. 일련의 사건을 경험한 사람은 자기만이 아니었다. 그 자리에 같이 있었던 다른 사람 또한 할머니의 유령을 보고, 옷소매가 숯 그릇에 걸려 숯이 빙글빙글 도는 것을 목격했다는 사실이 확인되었다.

이 모든 작용이 '할머니의 유령'이라는 단일한 존재에 의한 것이라고 인식될 때 '할머니 유령'의 리얼리티는 더 이상 의심할 여지가 없어진다.

뇌 속의 감각처리와 어떤 존재의 이 세계에 대한 작용에 있어서, 본래 독립된 경로를 통해 들어올 예정이었던 정보가 일치되면 리얼리티는 비약적으로 높아진다. 실제로 그런 현실이 존재하지 않는데 독립경로를 통해 들어오는 정보가 일치된다는 것은 보통은 있을 수 없는 일이다. 따라서 우리의 뇌는 지금 자신이 의식 속에서 느끼고 있는 대상은 반드시 현실로 존재하는 것이라고 추정하게 된다.

그렇게 해서 우리에게 '현실'이 만들어진다. 후지산에 한 번도 가본 적이 없는 사람이라도, 후지산이 그냥 단순한 시각적 표상으로만이 아니라 발바닥으로 밟을 수 있는 흙덩어리로 그곳에 존재할 것이라는 사실을 믿는다. 즉 시각적 표상으로서의 후지산과 촉각적 표상으로서의 후지산이 반드시 일치한다고 믿는다. 이러한 확신이 배반당하지 않고, 또 배반하지 않는 이상 후지산은 분명 현실적인 존재이다.

원래는 현실이건 가상이건 모든 것이 신경세포가 만들어내는 뇌내현상이다. 뇌 속에 있는 1000억 개의 신경세포 활동으로 만들어져 우리의 의식 속에 나타나는 다양한 표상이 복수의 경로를 통해 일치되고, 어떤 확고한 작용을 가져왔을 때 우리는 그런 작용의 원천을 '현실'이라 부른다.

부유하는 가상

복수의 감각 양상 또는 복수작용의 경로를 통해 나타나는 것이 일치되기 때문에 '현실'이라면, 그런 일치 없이 부유하는 것은 '가상'이다.

현실은 우리가 살아가는 데에 확고한 기반을 제공해준다. 즉 현실은 복수경로 사이에서 감각과 작용이 하나로 일치하는 확고한 존재이기 때문에 우리의 생존을 유지시켜준다. 예를 들어 물은 눈으로 보아도, 마시고 맛을 보아도, 또 그것이 체내로 들어온 후의 화학작용에서도 여전히 물로 작용하기 때문에 물이라는 현실로서 우리의 생명을 유지시켜준다.

한편 가상은 필시 인간 정신의 자유와 관계된다. 가상은 현실처럼 확고한 기반을 가지고 있지 않다. 따라서 현실처럼 마음 놓고 그것에 의지할 수가 없다. 하지만 그렇기 때문에 가상은 자유롭게 날개를 움직일 수 있다. 현실적으로 복수감각의 경로 사이에서 또는 작용경로 사이에서 부과된 정합성이라는 조건이 없는 만큼 우리는 가상세계에서 자유롭게 놀 수 있다.

만약 어떤 가상을 떠올릴 때마다 그 가상이 현실과 똑같은 의미로 이 세계에 현현한다면 오히려 부자유스러워지고 만다. 아이들이 산타클로스를 생각할 때마다 그곳에 산타클로스가 현실로 나타나야 한다면 어떻게 될까? 고바야시 히데오가 반딧불을 보고 어머니를 추모할 때, 실제로 어머니가 살아 돌아와야

한다면 어떻게 될까? 그런 감각과 작용의 일치 없이 현실로부터 부유하는 형태로 가상을 만들 수 있기 때문에 우리는 가상에서 자유로워질 수 있다. 현실로부터 부유하고 있기 때문에 가상하는 자유가 있다. 현실처럼 정합성이라는 무거운 멍에를 쓰지 않고 부유하기 때문에 가상인 것이다.

숫자의 가상

그런데 현실과 가상 사이에는 보통 방법으로는 안 되는 관계가 있다. 생각을 거듭하다 보면, 이 두 개는 반드시 마주하며 대조할 수 있는 것이 아닐지도 모른다는 생각이 든다. 특히 숫자의 성질에 그 근원에 두고 생각하면 이 생각은 더 명확해진다.

숫자는 뉴턴이 만유인력의 법칙을 발견한 이래, 인류가 연이어 발견해 온 자연법칙에 따라 다양한 방정식을 통해 현실의 변화를 기술하는 데 있어서 커다란 역할을 해왔다. 더 극단적인 입장에서 본다면, 우주란 시간의 원점 상태(초기 상태)를 나타내는 수로 그 후의 변화를 결정하는, 방정식이라는 일련의 수학적 개념의 집합과 등가(等價)이다. 수학적 개념을 적당한 수로 나타낼 수 있다면 그것은 단 하나의 수와 등가라고 말할 수 있을지도 모른다. 단 하나의 수를 주면 우주의 모습을 전부 파악할 수 있다. 그런 수비학(數秘學)적인 사고가 고대부터 면면히 맥을 이어온 것도 그만큼 수라는 수학적 개념이 이 세계의 운행을 예언하는 데 힘을 가지고 있었기 때문이다.

현실에서 물질의 객관적 행동이 방정식 속에 나타나고 방정식에 따라 주어진 수로 엄밀하게 예측할 수 있는 것을 생각하면, 수가 현실 자체라 해도 좋았을 것이고 또는 현실 그 자체가 수라도 좋았을 것이다.

하지만 실제로는 그렇지 않다. 수야말로 인간이 만들어낸 가상의 최고봉이다. '수'를 포함한 모든 수학적 개념은 인간이 만들어낸 가상이다. 현실을 수로 변환시킬 수는 없다. 수는 현실 그 자체가 아니라 다만 우리가 현실과 마주할 때 그곳에 인터페이스로 부상하는 것, 산타클로스와 뿔 달린 괴물이라는 가상과 마찬가지로 우리 의식의 속성으로서 나타나는 것이다.

예를 들면, 우리는 '선(線)'이라는 개념을 연속적으로 이어진 하나의 존재라고 본다. 어린아이들도 선을 연속해서 있는 것으로 이해한다. 그러나 현실세계에서 이러한 '연속된' 선이 진짜인지 아닌지는 상당히 의심스럽다. 현실세계와 공간이 이루어 온 연속적인 것인지, 만약 연속적이라 하더라도 그것을 어떻게 인식할 수 있을지의 문제는 확실하게 알 수 없다. '연속'이라는 성질은 처음부터 우리의 의식 속에 명백한 것으로 느껴지지만 이를 정의하기는 생각보다 어렵다. 실제로 연속이라는 개념의 의미가 형식화된 것은 19세기 후반, 독일의 수학자인 리하르트 데데킨트(Richard Dedekind)가 '데데킨트의 절단(Dedekind cut)'이라는 생각을 도입했을 때였다.

고전적 명저인 《수에 대해서》의 서문에서 데데킨트는 자신의 이론 이전의 수학의 '연속' 개념 위치에 대해 다음과 같이 적고 있다.

> 일반적으로 미분학이 연속적인 양을 취급한다고 알려져 있으나 어디에도 이 연속성에 대한 설명은 되어 있지 않다. 미분학의 가장 엄밀한 서술조차 증명의 기초를 연속성에 두지 않고, 정도의 차이는 있지만 기하학적으로나 기하학으로 만들어진 상징의식에 호소하거나 또는 순수하게 수론적으로 증명되지 않는 정리에 의거하거나 할 따름이다.
> — 데데킨트, 《수에 대하여》

'연속'을 둘러싼 당시의 이러한 상황에 불만을 갖고 있던 데데킨트는 나중에 '데데킨트의 절단'으로 불리게 된 개념을 도입하면서 치밀하게 '연속'을 정의하는 근거를 찾아냈다. 그가 이에 대한 핵심적인 아이디어를 얻은 것은 1858년 1월 24일의 일이었다.

'데데킨트의 절단'은 다음과 같은 생각이다.

앞에서 언급했듯이 직선 하나하나의 점 P는 직선을 두 개의 반직선으로 나누고, 한쪽의 반직선 하나하나의 점은 또 하나의 반직선 하나하나의 점의 왼쪽에 있는 것 같은 분할을 일으킨다. 여기서 나는 연속성의 본질이 이들과 반대에 존재한다는 것, 즉 다음과 같은 원리에 있음을 알았다.

"직선의 모든 점을 2개조로 나누어 첫번째 조 하나하나의 점이 제2조의 하나하나의 점 왼쪽에 있다고 할 때, 이 모든 점의 2개조의 구분, 직선 두 개를 반직선으로 분할하는 점은 하나, 그리고 그냥 하나만 존재한다."

……연속성의 비밀이 이렇듯 평범한 것으로 제시되어야 한다는 것에 대해 독자들은 과연 어떤 느낌을 받을까? ……이러한 직선의 성질을 승인하는 것은 공리(公理: 수학이나 논리학에서 증명이 없이 자명한 진리로 인정되며, 다른 명제를 증명하는 데 전제가 되는 원리-옮긴이) 외에는 없다. 이로써 우리는 처음으로 직선의 연속성을 인정하게 되며, 비로소 연속성을 직선 속으로 가져와 생각하게 된다.

물론 데데킨트의 정의는 연속이라는 개념을 다른 개념(수의 순서, 분할)으로 바꾼 것에 지나지 않는다. '순서'와 '분할'도 그것 자체를 엄밀하게 정의하기는 어려운 개념들이다. 결국 이 개념들에 대한 정의도 우리가 의식으로는 확실하게 알지만 그 토대를 알 수 없는 어떤 감각(퀄리아)의 작용에 의거하지 않을 수 없으며, 의식되는 대부분의 것들이 퀄리아이기 때문에 이는 어쩔 수 없는 일이다.

수학적 논의는 우리가 이미 의식 속에서 애매한 형태로나마 알고 있는 무엇인가를 엄밀화·형식화시킬 뿐이다. '데데킨트의 절단' 개념으로 '연속성'의 엄밀성에 대한 정의가 내려지기 훨씬 이전부터 우리는 어떤 종류의 질감에서 '연속'이 어떤 것인지를 직관적으로 이해하고 있었다. '데데킨트의 절단'은 이 '연속'이라는 질감이 '순서'와 '분할'이라는 질감과 어떤 관계에 있는지를 제시할 뿐이었다. 하지만 그러한 관계성이 엄밀한 논리와 정합성으로 구축될 수 있다는 점에서 데데킨트의 발견은 수학 역사상 위대한 진보였다.

'연속', '순서', '분할' 등의 개념은 눈앞에 있는 컵처럼 확실한 형태를 가진 현실로 이 세계에 존재하지 않는다. '무한'이라는 개념도 수학에서 중요한 역할을 하지만, 우리 주변에 '이것이 무한이다'고 나타내는 것이 있는 것은 아니다. 우리가 다루는 것은 무한 자체(실무한)가 아니라 무한을 얻을 수 있다는 절차 제시에 의해 보여지는 가상으로서의 무한(가능 무한)일 뿐이다.

그런 의미에서 보면 수학을 성립시키고 있는 것은 철두철미하게 이 세계 어디에도 존재하지 않는 가상이다. 수학의 역사는 그러한 가상 사이의 관계를 논리와 정합성을 유지하며 구축하는 것이다. 왜 현실세계가 그런 가상으로 구축된 수식의 세계에 따르는가? 이것이야말로 우리의 삶이 던져진 이 세계의 지극히 불가사의한 성질 가운데 하나라고 말할 수 있다.

현실과 가상의 상관관계

수와 현실의 관계를 생각하다 보면 우리가 '현실'이라고 부르는 것과 '가상'이라고 부르는 것 사이의 관계를 보다 엄밀한 의미에서 생각하게 된다. 눈앞의 컵은 손으로 잡아 확인할 수 있는 확실한 존재감을 가지고 있는 것처럼 보인다. 하지만 임마누엘 칸트(Immanuel Kant)가 《순수이성비판》에서 간파했듯이 우리는 '그것 자체'에는 도달할 수 없다. 우리는 결코 컵 자체를 알 수 없다. 아무리 '컵 자체'가 존재한다 하더라도 우리가 의식 속에서 파악할 수 있는 것은, 그 빛깔과 촉각, 두드렸을 때 나는 소리라는 퀄리아다. 결국 '현실 자체'라는 것도 비록 컵이 앞에 있을 때처럼 우리의 의식에 뚜렷하고 선명한 형태로 나타나지만 결코 그것 자체에는 도달할 수 없는 퀄리아 저쪽 편의 하나의 가상이라고 말할 수 있다.

'현실 자체'가 하나의 가상이라면 자신의 몸이라는 현실도 마찬가지다. 잠이 들거나 의식을 잃고 있을 때의 자기의 몸이라는 '그것 자체'를 우리는 결코 알 수 없다. 그럼에도 우리는 그 알 수 없는 몸이라는 '그것 자체'가 없으면 1분 1초도 이 세상에 존재할 수 없다.

우리는 자신의 몸에서 일어나는 일들을 느낄 수 있다. 집중을 하면 심장의 고동을 느낄 수 있고, 숨을 쉬기 위하여 늘어났다 줄어들었다 하는 폐 감각도 느낄 수 있으며, 시선을 주면 자신의 피부색도 느낄 수 있다.

한참동안 멍하게 어린아이 머리 크기 정도 되는 커다란 꽃의 빛깔을 바라보고 있던 그는 갑자기 생각난 것처럼 누워서 가슴 위에 손을 얹고 다시 심장의 고동을 검사하기 시작했다. 최근 들어 누워서 가슴이 뛰는 것을 들어보는 것은 그의 버릇이 되었다. 심장은 변함없이 차분하고 확실하게 뛰고 있었다. 그는 가슴에 손을 댄 채로 심장 고동 밑으로 따뜻하고 붉은 혈액이 느리게 흐르는 모습을 상상하면서 이것이 생명이라고 생각했다. 자기는 지금 흐르는 생명을 손바닥으로 누르고 있는 것이다. 그리고서 손바닥에 느껴지는 시계바늘 닮은 소리가 자기를 죽음으로 유혹하는 경종과도 같은 것이라고 생각했다. ……그는 자면서 때때로 왼쪽 가슴 아래에 손을 대고, 만약 그곳을 망치로 한 대 맞는다면 어떻게 될까 생각하는 버릇이 있다. 그는 '건강하게 살아 있다' 라는 이 괜찮은 사실을 거의 기적과도 같은 것이라고 자각하곤 한다.

—나츠메 소세키, 《그로부터》

그럼에도 우리는 우리가 숨을 쉬면서 느끼는 감각 배후에 분명히 있을 '몸 자체'에는 결코 도달할 수 없다. 그리고 우리는 그 도달할 수 없는 '몸 자체'에 우리 자신의 생존을 의존하고 있다.

우리의 의식 속에는 분명히 '현실'이라고 생각하는 것이 나타난다. 예를 들면, 이렇게 글을 쓰고 있는 내 의식 속에는 현실이라고 생각하는 컴퓨터와 책상, 의자, 커튼 등 뚜렷하고 선명하게 느껴지는 것들의 퀄리아가 있다.

하지만 사실 이것들은 전부 '현실 자체'를 반영하며 의식 속에 나타나는 '현실 복사'에 지나지 않는다. 그 '현실 복사'를 우리는 통상 '현실'이라고 부른다. 그러한 '현실 복사'로서의 퀄리아는 환각작용이 있는 물질을 복용하거나 생생한 꿈을 꾸거나 또는 잠이 들려고 할 때 때때로 나타나는 경우가 있다. '입면시 환각(入眠時幻覺: 잠에 빠져들 때 나타나는 환각. 반대로 깨어날 때 나타나는 환각은 출면시 환각이라고 한다-옮긴이)'이라는 변성의식(變性意識) 상태에서는 대응하는 '현실 자체'가 없어도 나타나는 경우가 있고, 또는 대뇌피질 가운데 우선 측두엽의 감각연합령(感覺聯合領)을 직접 전극으로 자극했을 때도 대응하는 '현실 자체'와 관계없이 선명한 '현실 복사'가 나타난다. 의식 속에 나타나는 '현실 복사'가 실제로 '현실 자체'를 반영하고 있는지의 여부를 구별하기 위해서는 경험 자체와는 별개의 논리적 추론이 필요하다.

우리 삶의 기반을 만드는 것은 분명히 '현실 복사'로서의 의식에 나타나는 퀄리아가 아니라 우리의 생존권을 유지시켜주고 있는 '현실 자체'뿐이다. 그리고 그 '현실 자체'를 우리는 결코 알 수 없다. 우리의 의식 속에 만들어지는 것은 전부 가상이다. 그 가상 가운데 통상의 의식 상태에서 '현실 자체'를 반영하는 것으로 추정되는 '현실 복사'를 우리는 평소에 '현실'이라고 부르고 있을 뿐이다.

　변성의식 상태와 대뇌피질의 직접 자극이라는 특별한 조건을 생각하지 않는 이상, 의식 속의 '현실 복사'를 '현실 자체'의 반영으로 보아도 큰 차이는 없다. 그러나 우리는 의식 속에 나타나는 '현실 복사'라는 퀄리아를 '현실'로 부르고, 그것을 '현실'로 다룸으로써 결코 현실 자체는 알 수 없는 세상 속을 살아가게 된다.

탐구를 위한 안전기지

철학자에게 있어서 수학적 가상은 때로 눈앞에 있는 현실보다 더 현실감을 가진다. 지면에 도형을 그려 기하학 문제를 풀어가던 아르키메데스에게 있어서 그의 눈앞에 나타난 병사는 자신의 머릿속에 있는 수학적 개념에 비하면 보잘것없는 리얼리티에 지나지 않을 것이다. 그는 자신의 직관에 따라 눈앞의 병사를 무시하였고, 그 결과 아르키메데스는 병사에게 살해당함으로써 수학적 가상을 탐구하기 위한 필요조건이었던 자신의 몸이라는 안전기지를 잃었다.

　유아의 발달과정에서 어머니를 비롯한 보호자가 제공하는 심리적 '안전기지'의 중요성을 주장한 사람은 심리학자 존 볼비(John Bowlby)였다. 유아는 적극적으로 새로운 세계를 탐구하려는 욕구를 가지고 있다. 신기하고 놀라운 신세계를 탐험하는 유아의 눈은 빛나고 있다. 어른들은 아이에게 억지로 탐구시킬 필요가 없다. 그냥 유아가 안심하고 탐구할 수 있는 환경을 조성해주면 족하다. 탐구를 위한 심리적 안전기지를 제공해주는 보호자에 대해 유아가 느끼는 떼려야 뗄 수 없는 감정, 즉 혈육의 정을 볼비는 '애착'이라고 불렀다.

의식을 가지고 이 세상을 살아가는 우리 한 사람 한 사람은 어머니의 애정 속에서 눈을 반짝이며 세상을 탐구하는 유아와 비슷하다. 우리의 의식 속에 나타나는 것은 전부 가상이다. 그 가상 가운데 현실을 비추는 것을 우리는 현실이라고 부른다. 그리고 우리는 자신의 몸과 그 몸을 유지시켜주는 주위환경이라는 '현실 자체'를 통해 가상세계를 탐구한다.

몇 소절의 음악이나 한 단락의 문학작품에 무한한 가능성이 숨겨져 있다는 사실을 생각해보면 알 수 있듯이 가상세계의 확산은 무한하다. 가상과 대면하는 인간은 누구나 무한을 상대로 한다. 평생 걸려도 전부 탐구해낼 수 없는 인류의 모든 역사, 모든 사람의 체험을 모아도 전부 해낼 수 없는 무한한 가상의 확산 속에서 우리는 눈을 반짝이며 탐구를 계속한다.

그런 우리의 탐구는 결코 그것을 직접 알 수 없는 현실 자체에 의해 유지되고 있다. 의식 속에 나타나는 퀄리아를 통해 간접적으로 소식을 전해오는 현실 자체가 우리에게 영적 탐구의 안전기지를 제공해준다.

그 모체가 되는 현실 자체의 얼굴을 우리는 결코 볼 수 없다.

모체의 존재를 직접적으로 모른 채 우리의 뇌는 현실에 유지되는 자신의 의식 속에서 세상을 꿈꾼다.

주(註)

1) 미시마 유키오: 본명은 히라오카 기미타케(平岡公威)로, 《금각사》 등 전후 세대의 니힐리즘이나 이상심리를 다룬 작품을 많이 쓴 소설가이다.

5. 새로운 가상세계 탐구하기

게이머 요로 다케시

살아 있는 인간은 어쩔 수 없는 대용품이다. 무엇을 생각하건, 무엇을 말하건, 무슨 짓을 하건, 자기 일이건 남의 일이건 제대로 이해한 적이 있었는가? 인간은 감상과 관찰에 견디지 못한다. 그곳에 가면 죽은 인간은 대단한 존재이다. 어떻게 그렇게 확실하고 분명해질 수 있는 걸까? 그러고 보면 살아 있는 인간이란, 어쩌면 인간으로 변해 가고 있는 일종의 동물은 아닐까?

《무상이라는 것》에서 고바야시 히데오가 가와바타 야스나리(川端康成)[1]에게 한 말이다. 우리는 우리 눈앞에 살아 있는 구체적인 인간에 대해서는 속단하는 경우가 있다. 그곳에 세계가 성립되는 과정을 유지시키고 있는 보편이 존재한다고는 도저히 생각하기 어려운 부분이 있다.

한편 고바야시가 말한 것처럼 죽은 인간은 우리를 안심시킨다. 죽은 인간이라면 안심하고 보편이나 형이상학에 머물러도 좋지 않을까 생각한다. 우리가 플라톤과 칸트, 아인슈타인, 니체, 모토오리 노리나가(本居宣長)[2]와 고바야시 히데오를 안심하고 바라볼 수 있는 것도 이들 인물이 더 이상 움직이기 어려운 무언가가 되어버렸다고 느끼고 있기 때문이다. 마치 보편이나 형이상학 같은 것들이 움직이기 어려운 무엇이라고 믿고 있는 것처럼 말이다. 하지만 죽은 인간도 과거에는 살아 있었다. 오늘날 우리가 이미 죽은 인간에게 보여주고 있는 보편은 하나같이 부드럽고, 기대기 어렵고, 무엇을 하는지, 무엇을 말하는지 몰랐던 인간들의 삶의 궤적의 잔상이었을 것이다. 어떤 보편도 개별로만 머문다. 만약 사람이 살아 있는 동안 보편에 접속할 수 있다면, 그 길은 눈앞의 무엇을 생각하는지, 무엇을 말하고 싶은지, 무슨 짓을 저지를지 모를 인간을 통해서만 존재할 수밖에 없다.

살아 있는 인간이 꿈틀거리는 이 어수선한 일상은, 보편과 형이상학과는 아무 상관없다고 생각하는 방심이야말로 우리가 무엇보다 경계해야 할 일이다.

요로 다케시(養老孟司)[3]가 컴퓨터 게이머라는 얘기는 누구에게 처음 들었을까? 어떤 게임인지는 모르지만 여하튼 게임을 즐긴다고 정통한 소식통이 가르쳐주었다. '정통한 소식통'이라는 말이 상당히 허풍 같아 보이기도 하는데 누군지는 기억나지 않지만 분명히 신뢰할 수 있는 정보원이었다.

그 소문이 사실이라는 것을 실제로 확인한 것은 교사나(교토, 오사카, 나라)의 연구모임에서였다. 그때 로봇 포럼이 있었는데 그 자리에 요로 씨를 초청한 것이었다. 공개 심포지엄 전날 열 명 정도 되는 연구원들이, 몸은 피곤하겠지만 흔치않은 기회이므로 함께 토론하고 싶다며 밤늦게 도착하는 요로 씨를 기다리고 있었다. 저녁식사 후 캔맥주를 마시며 그를 기다리던 우리는 정작 요로 씨가 도착한 밤 10시경에는 모두 상당히 취해 있었다. 요로 씨는 우리의 그런 모습을 보면서 술을 끊었다며 여간해서 마시지 않았다. 하지만 한참 후에 그는 "에이, 그냥 한잔 해야겠다"며 캔맥주를 마시기 시작했다.

요로 씨의 이야기는 몇 시간을 들어도 지루하지 않을 만큼 재미있어서 계속 함께하고 싶은 마음이 굴뚝같았지만 그가 피곤하리라는 생각에 새벽 1시경에 자리를 마무리했다.

그런데 다음날 아침, 요로 씨는 내 얼굴을 보자마자 "그러고 나서 새벽 5시까지 한잠도 못 잤다"고 했다. 내가 "일하느라고 그랬느냐"고 묻자 그는 아무렇지도 않은 얼굴로 "아니, 방으로 돌아와서 컴퓨터 게임을 시작했는데 중간에 그만둘 수가 없었다"고 대답했다. 나는 그럴 줄 알았으면 좀더 이야기할 걸 그랬다며 말을 건네려다가 중간에 그만두었다. 스스로 말을 삼가하다보니 그런 것 같은데, 지금 생각해보면 '그럴 줄 알았으면' 이라는 자기 주장이 요로 씨의 얼굴을 본 순간 눈 녹듯 사라져버리지 않았나 하는 생각이 든다.

'새벽 5시까지 일하고 있었다면' '그럴 줄 알았으면'이 되겠지만 '새벽 5시까지 컴퓨터게임을 했다'면 '그랬다면'이 된다. 이것은 무언가 자기 생각을 말하려는 것 같은데 제대로 설명하려고 하면 뭐가 뭔지 잘 모른다. 아마 '지식인'과 컴퓨터 게임을 연결시키는 것이 이상하게 느껴지지 않나 하는 느낌을 받은 것 같다.

철학자인 히로마츠 와타루(廣松涉)[4]를 한 번 만난 적이 있다. 그의 난해한 문장으로는 도저히 상상도 할 수 없을 만큼 봄바람처럼 부드러운 인상이었다. 그래도 히로마츠가 컴퓨터 게임에 관심을 가졌다는 생각은 들지 않았다. 하지만 실제로 히로마츠는 컴퓨터에 굉장한 흥미를 가지고 있었다. 다만 한번 시작하면 도저히 끊을 수 없을 것 같아 손을 대지 않고 있을 뿐이라는 말을 들은 적이 있었다.

히로마츠와 요로 씨를 컴퓨터 게임과 연결시키면 왜 이상하다는 느낌이 드는 것일까? 요로 씨가 '게이머'라 해도 굳이 이상할 건 없지 않은가? 그런데 왜 곤충채집이면 되고, 게이머는 '어울리지 않는다'고 생각되는 것일까? 유물론을 비롯해 도시와 자연의 관계를 논쟁하는 지식인이 게이머가 되면 안 되는 것일까? 이러한 질문들은 제대로 설명하려고 할수록 의외로 어려워진다. 컴퓨터 게임이나 TV게임 등이 사회에서 차지하는 위치는 어린이 놀이나 기분전환용 정도이지 어른들이 눈을 반짝이며 화제로 삼을 만한 것은 못 된다는 것이 일반적인 생각이다. 그럼에도 요로 씨에게 TV게임은 새벽 5시까지 열중할 정도로 위력을 가진 존재이다.

TV게임이라는 표상 또한 의식 속에서 파악되는 퀄리아로부터 성립된다. 그리고 퀄리아로 성립되는 까닭에 그곳에는 형이상학과 가상의 기운이 나타나게 된다. 한편 그것에 어떤 보편이 존재하는지는 알 수 없다. TV게임이라고 만만하게 보아서는 안 되는 것이다. 이는 비단 TV게임에 한한 얘기가 아니다. 흔히 우리는 현실적으로 눈앞에 물질로 형상화되어 있는 것에 대해 방심하기 쉽다. TV가 그렇고 컴퓨터가 그렇다. 이러한 것들도 모두 의식 속에 나타나는 뇌내현상인 이상 이 세상이 아닌, 즉 피안의 느낌이 나타나는 것이다.

오즈 야스지로(小津安二郎)[5]의 《안녕하세요》에 나오는 TV에도 피안의 느낌이 나타난다. TV가 없는 집의 형제가 옆집으로 TV를 보러간다. 사소한 일 때문에 형과 동생이 옆집을 나간다. 밤이 되어 가족들이 걱정한다. 영어선생이 길에서 TV를 보고 있는 두 사람을 집까지 데려다준다. 형이 복도에 놓여 있는 '내셔널 TV 고성능 원거리용 14인치' 라는 커다란 박스를 발견한다. 그것을 본 순간 형은 기분이 좋아져 어른들과 말하기 시작한다. 동생은 흥분을 참지 못하고 훌라후프를 한다.

이 장면에서 안에 TV가 들어 있는 종이박스는 틀림없는 형이상학적 세계의 느낌을 전하고 있다. 동생이 돌리는 빨간 훌라후프에도 형이상학적인 세계의 느낌이 있다. 종이로 만들어진 박스라 해서 또는 플라스틱으로 만들어진 둥근 고리라고 해서 쉽게 생각해서는 안 된다. 우리의 정신은 흔하게 볼 수 있는 이러한 것들을 무심코 봄으로써 방심하게 되고, 그곳에 나타나는 심오한 세상을 놓치게 된다.

파리의 한 카페에서 "눈앞의 컵으로도 철학을 말할 수 있다"는 현상학자들의 말을 듣고 사르트르가 감동으로 새파래졌다고 보부아르는 증언하고 있다. 눈앞에 보이는 컵으로 철학을 논할 수 있다면 TV게임으로 보편을 논해도 이상할 것 없지 않은가.

TV게임이란 도대체 어떤 존재일까? 사회적 위치를 의식하지 않고 TV게임을 함으로써 동반되는 주관적 체험을 색안경 없이 바라볼 때 그곳에 나타나는 것은 도대체 무엇일까?

이러한 질문들은 '진리란 무엇인가?' '공간이란 무엇인가?' '시간이란 무엇인가?' 와 마찬가지로 똑같은 권리를 가진 형이상학적 문제다. 살아 있는 인간을 앞에 두고 방심해서는 안 된다. 요로 다케시와 TV게임이 어울리지 않는다고 생각한 것은 그런 방심 가운데 하나가 나타난 것이다.

페노메논

처음으로 내가 TV게임의 마력을 의식한 것은 초등학교 남자아이의 가정교사를 하던 대학시절이었다. 물론 나도 그전에 카페 테이블에 비치된 '인베다게임'을 하기는 했지만, '나고야격퇴'가 무엇인지 모를 만큼 어쩌다 한번 해보는 정도였다.

내가 가르치던 아이는 두뇌 회전이 굉장히 빨랐는데 쉬는 시간만 되면 함께 게임기를 가지고 놀자며 졸랐다. 20분 정도 쉬고 나면 '이제 공부시간'이라며 아무렇지도 않은 척 했지만 내심 야구게임과 테니스게임을 하고 싶어서 참을 수가 없었다.

그 가운데 '슈퍼마리오 형제' 게임은 참으로 가슴 벅찬 체험이었다. 최근 출시되는 액션게임에 비하면 화상도 조잡하고 화면 스크롤도 한 방향뿐인, 거의 원시적이라고 할 만한 수준이었지만, 당시의 나로서는 처음으로 체험하는 세계였다. 블록을 두드리면 버섯이 나오고, 그 버섯을 먹으면 몸이 커지고, 숨겨진 블록에서 동화 '재크의 콩나무' 같은 줄기가 뻗어나가면서 구름 위의 세상으로 올라가게 된다. 자신의 손가락 조정과 의지의 상호작용으로 이런 새로운 세계가 태어난다는 것은 참으로 놀라운 일이었다.

그 시절의 TV게임은 하나의 '페노메논(phenomenon: 강한 인상으로 사람들의 마음을 포로로 만드는 신기한 현상-옮긴이)'이었던 것 같다. 길가 상점에서 역도산의 프로레슬링 경기를 보여주던 시절에도 사람들은 하나의 페노메논으로 느꼈을지 모르고, 비틀스의 일본공연도 하나의 페노메논이었는지 모른다. 당시의 우리에게는 '슈퍼마리오 형제'로 개척된 TV게임 또한 무언가 굉장히 새로운 것이 지상에 나타난 하나의 페노메논으로 뇌에 지각되었던 것 같다.

뇌는 원래 신기한 것을 좋아하는 성질을 갖고 있다. 신생아에게 익숙한 것과 새로운 것을 보여주면 새로운 것을 더 오래 본다. 그전까지의 콘텍스트로는 충분히 이해가 어려운 신기한 것에 눈을 돌리는 신생아의 그런 본능은, 우리가 살고 있는 이 복잡하고 기묘한 세상의 다양성을 이해하기 위한 것이다.

그러나 신생아가 좋아한다고 해서 항상 새롭고 신기한 것만 보여주어야 하는 것은 아니다. 이것이 한 가지 원리로만 잘라 말하기 어려운 뇌라는 존재의 복잡함이다. 신생아가 신기한 것을 좋아한다는 실험결과도, 예를 들면 신생아가 어머니 팔에 안겨 있을 때처럼 안심할 수 있는 상태에서만 얻을 수 있다. 볼비가 지적했듯이 어머니라는 안전지대에 보호됨으로써 신생아는 처음으로 신기한 것을 탐구하게 되는 것이다.

이와 반대로 신생아가 불안한 기분에 싸여 있을 때는 신기한 것보다 친밀한 것, 예를 들면 어머니의 모습을 요구한다. 이렇듯 콘텍스트에 따라 신기한 것을 좋아하는 경향과 안심할 수 있고 친밀한 것을 찾는 경향이 활동적으로 바뀌면서 신생아의 뇌는 발달하게 된다.

'슈퍼마리오 형제'가 폭발적인 반응을 보일 무렵, 우리에게 TV게임은 안심할 수 있는 친밀함과 지금까지 본 적이 없는 신기함이 뒤섞인 것이었던 것 같다. 모두가 TV게임에 열중하고 있을 때는 자신의 생명이 위험하다는 생각은 안 한다. 안전하고 쾌적한 실내 환경이기 때문에 게임을 체험한다는 문맥이 성립된다. 친밀함과 신기함의 기수역(汽水域: 강물이 바다로 들어가 담수와 해수의 혼합작용이 일어나는 곳-옮긴이)에 지금까지 체험한 적이 없는 세계가 열린다. 그래서 우리는 마치 태어나서 처음으로 무언가를 본 신생아처럼 마리오에게 열중하게 될 것이다. TV게임이 그전까지는 존재하지 않았던 체험 회로를 우리 앞에 열어준 것이다.

평등한 퀼리아

오늘날 사회에서 공유되고 있는 통상의 문맥에서 보면, TV게임은 이른바 '하위문화(subculture)'에 속한다고 볼 수 있다. 요로 다케시나 히로마츠 와타루 같은 사람들이 TV게임을 하거나 흥미를 갖는 것이 의아하게 느껴지는 것은, 주류문화(main culture)를 주도하는 것으로 알려진 사람들과 아웃사이더 문화의 연결이 의외라는 느낌을 주기 때문이다.

여기에서 내가 아웃사이더 문화의 사회적 위치를 운운하고 싶은 것은 아니다. 그런 관점은 오히려 TV게임이라는 체험 속에 잠재되어 있는 에센스를 숨기게 된다. 무엇보다 먼저 경계해야 할 것은, 이해하기 쉬운 구도에 잡힘으로써 완전히 방심하게 된다는 사실이다.

이쯤에서 한 가지 확인해두고 싶은 것이 있는데, 우리의 주관적 경험 속에 나타나는 퀄리아라는 시점에서 보면 어떤 주관적 체험도 원래 평등한 재미를 가지고 있다는 사실이다.

예를 들면, 밀로의 비너스를 보았을 때 마음속에서 느끼는 퀄리아는 '아름답고' '숭고' 하며 '플라토닉' 하지만, TV에서 연예인들이 수다 떠는 것을 볼 때의 퀄리아는 '저속' 하고 '유치하고' '보기 흉하다' 는 카테고리로 나누기가 쉽다. 그러나 모든 퀄리아는 뇌 속에 있는 1000억 개의 신경세포 활동이 만들어내는 관계성을 통해 우리의 의식 속에 만들어진다. 우리의 마음속에서 재미있게 느껴지는 퀄리아 입장에서는, 밀로의 비너스이건 TV에 방송되는 연예인의 퀄리아이건 똑같은 입장에서 '재미있는 체험'을 할 수 있는 권리를 갖고 있다.

애초에 퀄리아가 어떻게 만들어지는가의 문제에 비추어 생각하면, 우리가 일상생활에서 '통속적' 으로 느끼는 퀄리아나 전통적인 문맥 속에서 '영원' 하게 또는 '플라토닉' 한 취급을 받아온 개념군이 본질적으로 다르지 않다고 말할 수 있다.

오늘날 '플라톤적 세계' 라는 말은 방정식이나 정다면체 등 수학적 개념의 세계에 나타나는 '정연한 질서' 라는 의미로 사용되는 경향이 있다. 영국의 저명한 수리물리학자인 로저 펜로즈 (Roger Penrose)가 뇌와 마음의 관계를 논한 《황제의 새 마음》에서도 '플라톤적 세계' 는 '수학적 질서' 라는 의미로 이용되고 있다.

하지만 원래 플라톤이 의도했던 의미의 '플라톤적 세계'는 오늘날 이해되고 있는 '수학적 질서'에 한정된 것이 아니었다. 원래의 의미에서는 미(美)와 도덕이라는 개념도 '플라톤적 세계'에 속한 것으로 보았다. 수학적 개념에 비하면 미와 도덕은 애매한 인상을 준다. 하지만 우리가 의식 속에서 떠올릴 수 있는 모든 것들이 퀄리아라는 현대사회의 뇌과학의 출발점에 서면, 그것이 수학적 개념이건 미와 도덕이라는 애매모호한 인상을 주는 개념이건 모두 이 지상의 물질세계와는 독립된 플라톤적 세계에 속한다고 말할 수 있다.

예를 들면, '나가시마 시게오(長嶋茂雄)[6] 같은 느낌'은 우주 개벽 이래 100억 년 동안 플라톤적 세계에 사는 사람으로 계속해서 존재해 왔다고 말할 수 있다. 정다면체라는 수학적 개념이 시간을 넘어선 보편적 존재인 것처럼, '나가시마 시게오 같은 느낌'도 플라톤적 세계에 사는 사람으로서 시간을 넘어선 보편적 존재인 것이다. '나가시마 시게오 같은 느낌'이라는 시간을 넘어선 존재는, 뇌 신경세포의 관계성으로 현실화될 기회를 계속 가지고 있었다. 나가시마 시게오가 야구를 하지 않았다면, 자이언트팀에 들어가지 못했다면, 또는 나가시마의 삶의 기로에서 무언가 다른 일이 벌어졌다면, '나가시마 시게오 같은 느낌'은 우주 역사 속에서 영원히 현실화되지 못했을지도 모른다. 실제로 플라톤적 세계 속에는 우주 역사의 어디에서도 현실화되지 못한 퀄리아가 무한히 잠재되어 있음에 틀림없다.

'나가시마 시게오 같은 느낌'의 퀄리아 자체가 가지는 독특함은 저속하다거나 고상하다는 카테고리를 벗어던지고 퀄리아 자체가 지닌 성질에 주의를 기울일 때 비로소 나타난다. 그리고 그로 인한 사고회로를 통하면, 겉보기에는 속물로 보이는 이 퀄리아가 갑자기 우주의 영원한 진실로 이어지게 된다.

눈앞에 있는 구체적이고 개별적인 존재로서의 나가시마 시게오를 둘러싼 추하게 보이는 문맥을 방심해서는 안 된다. 우리의 의식 속에 나타나는 나가시마 시게오는 밀로의 비너스나 핀 위에 선 천사들과 완전히 똑같은 권리를 가지고 있으며, 플라톤적이고 형이상학적인 존재인 것이다.

마찬가지로 TV게임을 하고 있을 때 우리가 체험하는 퀄리아의 독특함도 TV게임이 아웃사이더 문화라거나 애들이나 하는 것이라는 카테고리를 벗어날 때에 비로소 그 진정한 모습을 드러내기 시작한다.

우리는 주류문화나 아웃사이더 문화라는 사회화된 카테고리를 쉽게 받아들임으로써 많은 퀄리아를 둘러싼 각각의 의미들을 놓치고 있다. 고상하거나 저속하다는 카테고리로 나누는 것에서 벗어나 체험의 질적 성질을 색안경 끼지 않은 눈으로 바라볼 때, 비로소 우리 마음(미크로코스모스) 속에 투영된 우주(마이크로코스모스)가 진실한 모습을 보이기 시작한다.

게임이라는 퀄리아 체험

나는 '슈퍼마리오 형제' 같은 액션게임을 아무런 사전지식 없이 시작하는 것을 좋아한다. 때로는 원래 들어 있는 효과음을 줄이고, 그 대신 바그너의 《니벨룽겐의 반지》처럼 어울릴 것 같지 않은 음악을 틀어놓는 경우도 있다. '지크프리트의 장송행진곡' 같은 음악을 배경으로 마리오가 미지의 풍경 속에서 적들과 싸우며 앞으로 나가는 장면을 보고 있으면, 나와 다를 것 없다는 이상한 감정이 일어난다. 게임 속의 마리오처럼 인간도 자신이 던져진 이 세계의 지배 법칙이 어떤 것인지 모른 채 살아간다. 살아가면서 서서히 그 법칙을 이해하게 되지만 결코 완전하게 이해하지는 못한 채 그때그때 적당히 살아간다. 알 수 없는 현실 자체에 둘러싸여 현실 자체에 의지하며 살아가는 나 자신이 마치 화면 속 마리오 같다는 느낌을 받는 것이다.

    여기서 내가 말하고 싶은 것은 TV게임 속의 캐릭터인 마리오가 살아 있다거나, 의식을 가지고 있다는 것은 아니다. 미국 산타페연구소의 인공생명 과학자 크리스토퍼 랭턴(Christopher Langton)은 언젠가 방 안에 무언가가 있다는 느낌을 받고 뒤를 돌아다보았다. 그는 '라이프게임'이라고 불리는 컴퓨터 스크린 위에 변화 패턴을 만들어내는 프로그램이 가동되고 있는 것을 발견했고, 이것을 계기로 인공생명을 만들어낼 수 있다는 확신을 가지게 되었다.

그때 랭턴이 발견한 것은 외부세계에 현실로 존재하고 있는 생명이 아니라 라이프게임 패턴에 접함으로써 자신의 의식 속에 만들어진 생명체의 표상일 것이다.

오늘날에 이르기까지 생명으로 불리는 것, 하물며 의식을 가진 시스템을 컴퓨터상에서 만들어낸 사람은 아무도 없다. 그런 것이 원리적으로 가능한지 어떤지조차 전혀 알 수가 없다. 하지만 여기에서 그것은 문제가 되지 않는다. 랭턴이 스크린 위의 변화 패턴을 보고 그곳에 새로운 생명이 존재하고 있다는 새로운 감각, 즉 퀼리아를 가진 것처럼 게임이라는 미디어가 지상에 나타남으로써 우리가 도대체 얼마나 새로운 퀼리아 공간을 탐색하고 있는가라는 사실이 문제가 될 뿐이다. 흥미로운 것은 라이프게임이라는 프로그램 자체가 아니라 그것으로 촉발되어 생명관을 흔들어대는 퀼리아를 체험하게 한 랭턴의 뇌 그 자체다.

우리의 뇌는 TV게임이라는 미디어에 의해 지금까지 체험한 적이 없었던 퀼리아의 세계를 탐색하기 시작했다. 바그너의 곡을 들으며 '슈퍼마리오 형제'를 할 때, 우리의 의식은 '나가시마 시게오 같은 느낌'과 마찬가지로 한 번도 경험한 적이 없었던 퀼리아를 느끼게 된다. 그 퀼리아는 '나가시마 시게오 같은 느낌'처럼 플라톤적 세계 속에서 현실화되는 순간을 가지고 있었다. 우리는 그 시절 TV게임의 등장을 하나의 사건으로 본 것이다.

퀼리아는 수신자의 체험으로만 생기는 것이 아니다. 우리는 의식 속에서 자신의 몸을 하나의 이미지(보디이미지)로서 지각한다. 보디이미지(body image)의 퀄리아는 수동적인 감각과 능동적인 운동이 유기적으로 통합되면서 일어난다. 즉 보디이미지는 본래 무의식의 영역에 속하는 몸과 우리가 가진 의식의 상호작용의 형식인 것이다.

1996년, 팝 밴드인 PSY·S(sáiz)를 해산한 마츠우라 마사야(松浦雅也)[7]가 만든 게임 '파랍파더래퍼', '운쟈마·라미' 등은 이른바 음악게임이라는 새로운 장르를 만들어냈다고 해도 좋을 만한 작품들이다. '운쟈마·라미'에서는 양파머리를 한 양파선생과 새디스트 파일럿 등 다양한 선생님들의 지시에 따라 컨트롤키를 누르는데, 리듬에 맞추어 정확하게 누르면 클리어할 수 있지만, 계속해서 키를 잘못 누르면 마침내 선생님들이 화를 내면서 게임이 끝나게 된다.

게임이 진행되면서 다음 장면으로 옮겨가면, 선생님의 지시대로 누르기가 어려운 순간이 찾아온다. 요구한 속도와 정확한 순서대로 키를 누르는 것이 처음부터 의식적으로 파악할 수 없는 과정인 것처럼 생각된다. 어떻게 해서든지 의식이 그 과정을 컨트롤하려고 발버둥친다. 인간에게 있어서 이는 보편적이면서도 절실한 상황이다. 연애를 할 때 자신의 흔들리는 마음을 잡으려고 하거나 치과에 가서 치료용 의자에 누워 긴장으로 패닉 상태가 될 것 같은 자신의 마음을 잡으려고 할 때, 그 각각의 시간에 우리의 의식은 열심히 무의식을 컨트롤하려고 하며, 그 과정에서 독특한 보디이미지가 생기게 된다.

'운쟈마·라미'를 할 때, 내 의식은 어떻게 해서든 손가락운동의 무의식 과정을 잡고자 허둥거린다. 그 허둥거림 속에서 간신히 하나가 걸려들고 손가락이 움직인다. 손가락이 계속 자판을 오다가 보면 어떤 것을 계기로 마침내 지시받은 대로 통로가 터지는 순간이 찾아온다. 그 순간의 폭발하는 기쁨은 지금까지 없었던 퀄리아를 체험하게 한다. 그것은 나라는 보디이미지의 새로운 단면이다. 보고, 듣고, 맛보고, 냄새 맡는 일련의 수동적 체험으로 생기는 퀄리아뿐 아니라 감각과 운동이라는 능동적 과정 속에서 생기는 일련의 퀄리아가 있다.

이러한 사실 속에 새로운 퀄리아를 체험하게 하는 인터페이스로서의 게임기의 존재 의미가 있다. 비디오 화면을 보는 것뿐만 아니라 상호작용하는 체험을 통해서만 도달할 수 있는 퀄리아가 플라톤적인 세계 속에 아직도 잠재되어 있다. 게임을 할 때 우리의 물리적 신체는 이동하지 않는다. 하지만 주관적 체험 속에서 우리는 무한하게 펼쳐진 퀄리아의 공간 속을 빛의 속도에 비견할 만한 스피드로 이동한다.

어떤 상이 차지하고 있는 사회적 문맥(예를 들어 하위문화와 어린이용이라는 평가)에서 벗어나, 그 상이 우리의 마음속에 만들어내는 퀄리아에 따라 파악하는 '퀄리아 원리주의' 입장에 섰을 때, 비로소 처음으로 보이는 세계가 있는 것이다.

현실과 가상의 교류

게임이라는 버추얼 리얼리티(virtural reality, 가상현실)에 몰입하게 되면 현실감각을 잃어버린다며 문제 삼는 사람들이 종종 있는데, 나는 개인적으로 이 문제를 그렇게 재미있다거나 특별하게 보지 않는다.

우리 마음속에 떠오르는 표상의 리얼리티와 이른바 '현실'은 원리적으로는 아무 관계가 없다. 그것은 우리가 현실 자체를 결코 알 수 없다는 사실만으로도 바로 알 수 있다.

호사카 가즈시(保坂和志)[8]는《세계를 긍정하는 철학》에서 우리가 바라보는 별이 반짝이는 밤하늘과 과학이 밝혀온 추상적인 존재로서의 '우주'가 똑같지 않다는 중요한 지적을 하고 있다. 밤하늘을 구성하는 어둠 속에서 반짝이는 한 점 별빛의 퀄리아는 우리의 뇌 신경세포가 만들어낸 가상이며, 그것이 우주라는 현실의 존재('밤하늘 자체')와 만나는 것은 진화의 과정에 조건 붙여진 우연에 지나지 않는다. 원리적으로는, 현실 존재로서의 우주와는 상관없이 순수한 가상으로서 우리의 뇌가 별이 반짝이는 밤하늘의 퀄리아를 만들어냈을 가능성도 있는 것이다.

분명 우리 주변에는 우리 몸에 강제로 작용하는 단 하나의 현실이 존재한다. 하지만 그러한 현실과 우리의 주관적 체험인 퀄리아는 직접적인 관계가 없다. 밤하늘의 리얼리티는 텅빈 우주의 확대라는 현실과 만날 때에야 비로소 필연성이 발생한다.

TV게임을 하는 것 자체에 고유의 리얼리티가 있는 것은 당연한 일이지만, 그 리얼리티가 반드시 현실과 만나야 할 이유는 어디에도 없다. 오히려 TV게임이라는 미디어의 새로움은, 현실과 만난다는 조건으로부터 우리들이 가상하는 퀼리아의 세계를 해방시키는 데 있다. TV게임이라는 가상 또한 현실로부터 부유함으로써 우리 영혼의 자유에 기여하게 된다.

'젤다의 전설-시간의 오카리나'는 롤플레잉게임(RPG: Role Playing Game)의 명작이다. 여기에는 주인공 링크가 모험을 위해 고향을 떠날 때 어릴 적 친구인 초록머리 소녀가 배웅하는 장면이 있다. 이후 게임의 전개과정에서 링크와 초록머리 소녀는 두 번 다시 만나지 못한다.

이 장면에서 나오는 일회성 체험은 현실생활에 뿌리내리고 있지는 않지만 상당히 현실적이다. 게임에서의 일회성 체험은 프로그래머에 의해 만들어진 것으로, 현실세계의 살아 있는 소녀와의 '일회성 체험'과는 '비교가 되지 않는다'고 말하는 사람이 있을지도 모른다. 하지만 현실생활과 게임 같은 가상공간 속의 리얼리티 관계에 대해서는 조금 더 생각해볼 필요가 있다.

내가 이런 생각을 하게 된 계기 중 하나가 이란의 영화감독 압바스 키아로스타미(Abbas Kiarostami)의 작품 때문인지도 모른다. 처음에 본 것은 《체리 향기》였다. 자살을 원하는 한 남자가 자신의 시체를 구덩이에 묻어줄 사람을 찾아 돌아다닌다. 이 남자의 요구사항은 자기가 구덩이에 누워 있을 테니, 아침에 되면 구덩이 있는 곳으로 와서 자기를 불러보고, 대답이 없으면 흙을 덮어달라는 것이었다. 충분한 사례금을 주겠다고 해도 모두들 기분 나빠하거나 종교에 위배된다며 아무도 나서지 않았다.

마지막으로 박물관에 근무하는 초로의 학예연구원이 남자의 청을 받아들인다. 그 연구원은 자기도 옛날에 뽕나무에 목매달아 죽으려 한 적이 있다고 고백한다. 그런데 뽕나무 열매를 하나 먹고 그 맛에 감격해서 계속 먹다가 어느덧 아침이 되었고, 그때는 이미 자살할 생각이 사라진 후였다. ……연구원의 진심 어린 설득에 남자의 마음이 순간 움직이지만, 그래도 자살에 대한 뜻을 굽히지 않는다.

영화 마지막에 남자는 언덕 중턱에 있는 한 그루의 나무 밑에 구덩이를 파고 눕는다. 남자의 시점에서 달과 그 앞을 지나가는 구름의 그림자가 비친다. 마침내 천둥이 울리기 시작하고 주위가 전부 어두워진다. 캄캄한 어둠 속에서 한참동안 천둥소리가 그치지 않다가 마침내 모든 것이 죽은 듯 고요해진다.

장면이 바뀌고 아침이 되었다. 군인들이 나무가 심어진 언덕을 대열을 이루어 달리고 있다. 여기서 관객들은 보통 영화의 문법에 따라 남자가 죽었을 것이라고 생각한다. 그러나 카메라가 다시 돌면서 죽어 있어야 할 남자가 언덕 위에서 이야기를 나누며 담배를 피우고 있다. 어딘가 이상하다고 생각한 순간 카메라맨이 보이고 감독이 서 있다. 정신을 차리고 보면 '자살을 원하는 남자'라는 배역을 맡은 남자가 갑자기 현실의 '배우'로 돌아와 있다.

　보기에는 한 치의 빈틈도 없는 방법 같지만 민영방송의 오락 프로그램에서 한때 유행했던 무대 뒤를 보여주는 흔하디흔한 방법처럼 느껴진다. 그러나 키아로스타미는 되풀이해서 이 방법을 사용한다. 《올리브나무 사이로》에서도 그랬고 《그리고 삶은 계속된다》에서도 그랬다. 처음에는 약간 당황하지만 우리는 여기에 영화라는 가상을 체험할 때의 근본적인 문제가 제시되고 있다는 사실을 알아차리게 된다.

　그것은 현실 속의 인간이 가상세계에 들어갔다가 마침내 현실세계로 되돌아가는 그 행보에 우리를 한층 더 흥분시키는 가능성이 감추어져 있다는 사실이다. 그런 시점에서 보면, 배우의 현실생활과 극중 배역이 교차하는 키아로스타미의 문법은 처음부터 그것밖에는 답이 없다고 생각할 만큼 자연스럽게 느껴진다. 키아로스타미의 영화를 보고 그 영화가 제시하고 있는 가상과 현실의 다이너믹한 교차를 체험한 후부터는, 그전까지 완벽한 가상공간을 만들어냈던 영화문법이 낡게 보였을 정도다.

　TV게임이 가상에 지나지 않는 것은 아주 당연한 일이다. 하지만 현실을 자세히 보라는 게임에 대한 비판은, 인간이 필연적으로 가상과 현실 사이를 오가는 존재라는 본질을 잊고 있는 것이다. TV게임을 할 때 우리는 편안하고 안락하며 친숙한 인공적인 공간의 보호를 받으며, 가상세계의 신기함에 갓난아기처럼 들뜨게 된다. 그리고 그 방법이 아니었으면 우주 속에 현실화되지 못했을지도 모를 플라톤적 세계의 퀄리아들과 만나며, 퀄리아 원리주의자로서 가상세계를 여행할 수 있게 된다.

물론 우리는 TV게임이라는 가상 속에서 영원히 살 수 없다. 키아로스타미의 영화에 나오는 배우가 삶과 죽음의 드라마를 연기하다가 마침내 촬영진들과 담소하며 담배 피우는 현실로 돌아가도록, 우리는 서서히 게임과 인터넷과 DVD 속에 퍼지는 가상공간과 우리의 현실생활 사이를 오가는 기술을 배우고 있다. 현실과 접촉할 때 생기는 마찰감과 걸리는 느낌을 맛볼 줄 안다. 이것은 언어를 획득한 이후 인류 고유의 방법이다.

TV게임은 그 쌍방향 기능성으로 인해 가상과 현실의 상호작용에 새로운 국면을 열었다. 가상과 현실이 교차되는 다이너미즘 속에 뛰어들지 않고는 그 앞에 무엇이 있을지 알 수 없다.

꿈과 현실

어릴 적부터 반복해서 꾸는 꿈이 있다. 나는 대지에 서서 끝없이 펼쳐지는 밤하늘을 올려다보고 있다. 그 밤하늘은 현실의 밤하늘이 아니다. 현실보다도 훨씬 더 많은 별들이 빛나고 있으며, 별 하나하나가 굉장히 크고 아름답다. 진한 커피에 하얀 우유를 떨어뜨린 것처럼 아름답게 대비되는 흐름과 소용돌이가 생기는 장소도 있다. 신기하게도 거대한 톱니바퀴 몇 개가 모여서 빙글빙글 돌고 있는 곳도 있다. 현실의 은하수보다 훨씬 더 하얇고 눈이 시리도록 아름다운 은하가 마치 살아 있는 것처럼 흐르는 장소도 있다. 그런 풍경 속을 거대한 기차가 달린다. 그 모든 것이 내 마음속에 굉장한 리얼리티로 다가오고, 나는 그 꿈을 꾸면 늘 '와~' 하고 소리 지르고 싶어진다.

물론 내 꿈은 현실이 아니다. 현실은 아니지만 리얼리티가 있다. 모두 나의 뇌 신경세포가 만들어낸 가상이지만, 그 가상 속에서 나는 현실의 밤하늘보다 내 영혼에 더 가까울 수도 있을 무엇인가를 느낀다.

꿈을 꾸는 것은 현실의 경험이 아니지만 우리의 기억에는 현실의 경험과 똑같이 확실하게 각인된다. 물론 모든 꿈이 기억에 남는 것은 아니다. 꿈을 꾸다 잠에서 깨어났을 때 생각해내지 못하는 경우도 있을 것이다. 꿈은 어쩌면 다양하게 만들어지는 가상 속에서 인상에 남는 것, 의미 있는 것을 골라내어 기억하기 위한 제도일지도 모른다.

꿈은 뇌가 낮에 체험한 기억을 정리할 때 만들어진다는 것이 일반적인 견해이다. 그렇다면 꿈속에서 우리가 만나는 풍경은 왜 현실과 비슷하면서 똑같지는 않은 것일까? 꿈속 풍경은 아마 우리가 목격하는 현실 풍경보다도 우리의 의식에 더 가까운 것, 괴테의 말을 빌리면 '시적 진실'에 더 가까운 것일지도 모른다.

통상적으로 꿈을 컨트롤하기는 어렵다. 하지만 '자각몽(lucid dreaming : 수면자 스스로 꿈을 꾸고 있다는 사실을 지각한 채 꿈을 꾸는 현상-옮긴이)'이라고 불리는 특별한 상황에서는 어느 정도 꿈의 내용을 컨트롤할 수 있다. 예를 들어 자기가 원하는 곳으로 가고 싶다고 생각하면 그쪽으로 갈 수 있다. 나는 거의 그런 꿈을 꾸지 않는다. 그러나 무서운 꿈을 꾸다가 꿈이라는 것을 느끼고 '이것은 꿈이니까 이제 눈을 떠야지'라고 생각하면 실제로 눈이 떠지는 경우는 있다. '꿈을 그만 꾸어야겠다'며 컨트롤한다는 의미에서 이러한 경우도 자각몽의 일종이라고 말할 수 있을지 모른다.

TV게임은 자각몽을 꾸는 것과 상당히 비슷하다. 그래서 TV게임은 점점 더 자각몽 쪽에 가까워지는 것을 이상으로 삼을 것이다. TV게임은 아웃사이더 문화인 아이들의 놀이처럼 우리들을 방심하게 만드는 갖가지 인지의 함정에서 벗어나 의식 속에 나타나는 표상으로서, 퀼리아 원리주의의 입장에서 그것을 바라볼 때, 그곳에 나타나는 것은 우리가 현실 또는 가상이라 말하는 의식 속의 뇌내현상의 두 가지 상의 관계에 대한 불가사의한 감촉이다.

나는 밤하늘에 떠오르는 톱니바퀴 사이를 달리는 기차 꿈을 내가 원하는 대로 볼 수 없다. 만약 자유롭게 그런 꿈을 꿀 수 있다면 그렇게 하고 싶다는 생각이 들 것이고, 그런 체험이 가능한 TV게임이 있다면 해보고 싶은 생각이 들 것이다. TV게임이라는 가상과 내가 반복해서 꾸는 아름다운 꿈의 거리는 우리가 생각하는 것보다 훨씬 더 가깝다.

주(註)

1) 가와바타 야스나리: 《수정환상》, 《설국》 등의 작품을 발표한 일본의 대표적인 소설가로 1968년 노벨문학상을 수상했다. 그는 격변하는 쇼와시대에 갖가지 전위문학적 실험을 거듭한 끝에, 일본의 전통적인 아름다움 속에서 자기의 감성을 닦아 독자적인 문학 세계를 창조함으로써, 근대 일본문학사에 부동의 지위를 구축하였다.

2) 모토오리 노리나가: 일본의 정체성을 확립한 국학자로 20세기 전반 군국주의자들에 의해 높이 평가받았다.

3) 요로 다케시: 현재 도쿄대학 명예교수로 《바보의 벽》, 《죽음의 벽》, 《유뇌론》, 《일본 문학과 몸》 등 전공인 해부학을 비롯해 과학철학, 사회시평에 이르기까지 다수의 저서를 가지고 있다. 일본 출판계에서는 해부학 차원을 벗어나 다양한 분야를 생각하고 제안하는 '멀티' 학자로 이름이 높다. 특히 의대 출신임에도 교육·정치·사회 구조 등 병든 사회를 고치는 '사회과 의사'의 시각에서 많은 작품을 내놓았다.

4) 히로마츠 와타루: 도쿄대학 교수로 《존재와 의미》, 《마르크스의 사상권》, 《변증법의 논리》 등 다수의 저작물이 있다.

5) 오즈 야스지로: 미조구치 겐지, 구로사와 아키라와 함께 일본영화의 3대 거장에 속한다. 서민들 사이의 관계와 의사소통, 가족 간의 유대감 등을 소재로 영화를 제작했으며, 짐 자무시, 빔 벤더스 등의 작품에 영향을 끼쳤다. 영화의 형식미를 강조했던 그는 《태어나기는 했어도》, 《작심》, 《외아들》, 《만춘》, 《맥추麥秋》, 《도쿄 이야기》 등의 작품을 남겼다.

6) 나가시마 시게오: 일본 프로야구의 살아 있는 전설로 현재는 요미우리 자이언트의 종신 명예감독. 타격과 수비, 주루의 3박자를 갖춘 데다 센스와 승부근성, 쇼맨십까지 완벽하게 갖춘 그는 대스타의 자질을 타고난 행운아이다. 신인 때부터 불기 시작한 나가시마 열풍은 현역시절의 절정기를 거쳐 자이언트 감독을 맡은 현재까지도 이어져 선수보다 인기 있는 감독으로 불린다.

7) 마츠우라 마사야: 게임 프로듀서로 파랍파더랩퍼 제작자로 유명하다.
8) 호사카 가즈시: 《풀밭 위의 아침》, 《계절의 기억》 등으로 일본 유수의 문학상을 수상한 소설가다.

6. 타인이라는 가상

타인과의 만남

우리는 의식을 가지고 이 세상에 태어났다. 우리는 혼자서 꿈꾸는 그런 존재가 아니다. 이 세계에서 다른 사람들과 만나고, 다른 사람들의 인기척을 느낌으로써 우리는 다른 어떤 것보다도 강렬한 리얼리티를 느낀다.

인간이 태고의 원시 생물에서 현대 인류에 이르는 기나긴 진화과정 어디쯤에서 의식을 갖게 되었는지는 알 수 없다. 하지만 분명한 것은 언어를 획득하고 문명을 발전시키기 시작하면서부터 사람들이 이미 '지금, 여기'에 있는 나와 똑같은 의식의 흐름 속에서 살아가고 있다는 것이다. 하지만 인간이 그러한 존재로서 생존했을 과거는 이미 머나먼 저편의 가상이다.

세이쇼나곤(淸少納言)[1]의 《마쿠라노소시枕草子》에 다음과 같은 장면이 있다.

벼슬을 하고 있을 무렵, 8월 10일 달 밝은 밤, 오른쪽 가까이 있던 내시에게 비파를 켜게 하고 홀로 서 있었다. 이런저런 말을 건네며 웃음 짓건만, 그녀는 차양이 드리워진 기둥에 홀로 기대어 아무 말도 하지 않았다. "아무 말도 안 하는군. 말 좀 해봐, 쓸쓸하잖아"라고 말을 건네자, 그녀는 "그냥 가을 달의 마음을 보고 있다"고 말했다.

세이쇼나곤이 비파 소리를 들으며 홀로 기둥에 기대어 조용히 있다. 그것을 보고, "왜 아무 말도 안 해? 쓸쓸하잖아?"라고 물었다. 세이쇼나곤이 "그냥 가을 달을 보고 있었어요"라고 대답한다.

이 단락에서 마치 그 자리에 있는 것처럼 가을 달을 홀로 바라보는 세이쇼나곤의 숨결이 느껴진다. 세이쇼나곤의 그런 마음을 짐작하는 중궁도 마치 내 눈앞에 있는 것처럼 느껴진다.

《마쿠라노소시》가 만들어진 것은 서기 1000년경으로 추정된다. 당연히 윌리엄 제임스(William James)가 '의식의 흐름'을 주장한 것보다 훨씬 더 이전의 이야기다. 하지만 그만큼 시간이 흘렀어도 글을 통해 세이쇼나곤이라는 사람의 의식, 그 의식 속 시간의 흐름이 손에 잡힐 듯 느껴진다. 이것은 하나의 기적이다. 세이쇼나곤은 1000년 후에 우리가 자신의 글을 이런 형태로 읽으리라고는 상상도 하지 못했을 것이다.

   시간과 공간의 간격이 없을 경우도 타인의 마음을 안다는 것은 원래 기적 같은 일이다. 타인의 마음을 알았다고 느끼는 경우는 일상 속에서 자주 경험한다. 의식하지 않았음에도 통했다고 느껴지는 때가 있는데 그 대부분의 경우에 언어가 개입된다. 그래서 언어는 커뮤니케이션의 도구로 불린다. 그런데 우리가 타인과 커뮤니케이션을 할 수 있게 되었다고 생각한 그 순간, 정작 무슨 일이 일어나고 있는 것일까? 잠시 생각해보면 그곳에는 끝을 알 수 없는 심연이 입을 벌리고 있다.

   친구와 술을 마신다. 늘 싱글벙글 하던 녀석이 그날따라 유별나게 짜증을 내며 별것도 아닌 일로 화를 내고 트집을 잡는다. 당황하면서도 어렵게 친구를 택시에 밀어넣고 씁쓸하게 헤어진다. 도대체 무슨 일일까 궁금하던 차에 다음날, 친구한테 메일이 온다. 사실은 5년 동안 사귀던 여자친구에게 새 애인이 생겼고 그래서 지난 주말에 헤어졌다는 내용이다. 상대는 낚시를 할 때 우연히 같이 앉았던 남자로 그와는 단 두 번 낚시를 함께했다. 한번은 여자친구를 데리고 가서 술집에서 함께 맥주를 마셨다. 지금 와서 생각해보니 그것이 화근이었다. 사람 좋은 것도 어느 정도라며 친구는 자신의 감정을 자책했다.

   당신은 재빨리 답장을 쓴다. '그랬었군, 이제 자네가 왜 그랬는지 알 것 같아, 그렇다면 짜증을 내도 어쩔 수 없는 일, 힘내라, 여자는 얼마든지 있어, 그리고 돌아오지 말란 법도 없잖아.' 다 쓰고 나서 송신키를 누른다. 당신은 친구의 마음을 알게 되어 잘됐다 안도하며 다음에 녀석을 만나 한잔해야겠다고 생각한다.

우리는 일상생활에서 때때로 비슷한 장면과 조우한다. 언어만이 매개체가 되는 것은 아니다. 표정, 몸짓, 손짓, 발짓, 한숨 등 비언어적 커뮤니케이션을 통해서도 타인과 마음이 통했다고 느끼며, 마음이 통한 것에 기쁨을 느낀다.

하지만 '마음이 통한다' 는 것은 도대체 무엇을 의미하는 것일까? 당연히 타인의 체험을 전부 알아차렸다는 뜻은 아닐 것이다. 앞의 사례로 보면 친구의 마음속에 확실하게 존재했을 경험, 즉 여자친구와 만나 서로에게 익숙해지기 시작하고, 마침내 파국이라는 상황을 맞은 주관적 경험 전부를 자신의 것처럼 다시 체험할 수 있는 것은 아니다.

자신의 것으로 느끼는 빨강과 타인이 느끼는 빨강이 과연 같은 빨강인지조차 쉽게 생각할 수 없다. 하물며 타인의 복잡하고 풍부한 연애체험의 모든 것을 자신의 것으로 체험할 수는 없는 것이다. 이렇듯 타인의 주관적 체험은 결코 자신이 체험할 수 없는데도 불구하고 그 '타인의 마음' 을 알 것 같은 생각이 드는 것도 분명한 사실이다. 타인의 마음을 안다는 것은 도대체 어떤 의미일까?

타인의 마음 상태를 미루어 짐작할 수 있는 능력을 인지과학과 뇌과학 연구가는 '마음이론' 이라 부른다.

1985년 영국의 심리학자 사이먼 배런코언(Simon Baron-Cohen)은 〈자폐증 아이는 '마음이론'을 가지고 있을까?〉라는 논문을 발표하였다. 자폐증이란 타인과의 커뮤니케이션 능력 등 일련의 인지능력이 충분히 발달하지 못한 장애이다. 그런데 일부 자폐증 환자에게는 영화 《레인맨》을 통해 잘 알려진 것처럼, 한번 본 것은 절대로 잊지 않고 기억한다거나 그림과 악기를 놀라울 정도로 잘 다루는 '서번트 신드롬(savant syndrome)'이라는 특별한 능력이 있다.

그러면 자폐증의 원인은 무엇일까? 배런코언의 논문이 나오기까지 자폐증은 깊은 수수께끼에 싸여 있었다. 도대체 무엇이 자폐증이라는 이름으로 불리는 증상을 일으키는지 알 수가 없었다. 그 근본적인 원인을 몰랐기 때문에 '얼음 같은 어머니', 즉 자식에게 냉정한 어머니의 아이들이 자폐증에 걸린다는 근거 없는 편견이 유포되기도 했다. 이 논문에서 배런코언은 자폐증의 본질은 타인의 마음을 이해하는 뇌기능 모듈의 결여가 아닐까, 즉 자폐증 아이들에게는 마음의 이론을 이해하는 능력이 없는 것은 아닐까라는 가설을 제시하였다. 그리고 그것이 자폐증의 원인을 해명해 나가는 데 하나의 이정표가 되었다.

자폐증 아이가 타인의 마음 상태를 추정하는 데 많은 어려움을 느끼는 것은 사실이다. 예를 들면, 어렸을 때 자폐증 진단을 받았던 어떤 사람은 성인이 된 다음 "다른 사람들의 얼굴이 마치 마네킹 같아서 무엇을 생각하고 있는지 알아차리는 데 상당히 힘이 들었다"고 회상했다. 많은 사람들이 수많은 증거를 통해 '마음이론'이 자폐증을 이해하는 하나의 열쇠라고 생각한다. 그런데 왜 자폐증에서는 '마음이론' 모듈이 누락되는 것일까? 그 원인에 대해서는 몇 가지 설이 있으며 지금도 활발하게 연구가 진행되고 있다.

단절 너머에 있는 타인의 마음

이런 논쟁을 할 때 특히 주의해야 할 점은, 우리처럼 '상식적이고 건강한 사람'도 타인의 마음을 완전하게 이해하는 능력을 가지고 있지는 않다는 사실이다. '자폐증에 걸린 사람들은 타인의 마음을 이해할 수 없지만 우리는 이해할 수 있다.' 이른바 자신을 안전권에 두는 이러한 의견은 오히려 인간의 인지가 처해 있는 상황의 본질을 은닉해버린다.

인지과학이 말하는 '마음이론'의 모듈이 아무리 작동한다 하더라도 타인의 마음은 여전히 절대 불가사의한 존재이다. 물리적으로 독립된 두 개의 마음이 직접 교류하는 것은 원리적으로 불가능하다.

타인과의 언어교환 현장에서는 커뮤니케이션(연결됨)과 디스커뮤니케이션(연결을 거절함)이 교차된다. 친구가 보낸 메일로 커뮤니케이션이 성립되었다고 생각한 순간, 동시에 디스커뮤니케이션이 일어나고 있는 것이다. '이제 녀석의 마음을 알 것 같다'고 생각하는 것은, 그 이상 천착하는 것을 자르는 행위이다. 좀더 앞으로 나가면 보였을지도 모를 친구의 마음의 그늘이 '녀석의 마음을 알았다'고 생각한 순간 보이지 않는 영역으로 쫓겨난다. 우리가 타인의 마음을 아는 것은 원리적으로는 불가능한 일이다. 우리는 그냥 타인의 마음을 알았다고 느끼는 것일 뿐, 그곳에 나타나는 타인의 마음은 하나의 가상이다. 경우에 따라서는 상대의 실제 마음과 비슷할 수도 있지만 또 때로는 전혀 비슷하지 않을 수도 있는 가상인 것이다. 이해와 오해 사이에는 무한하다고 해도 좋을 정도의 단계가 있다. 중요한 것은 이해를 세상 속에서 분명히 존재하는 '타인의 마음'을 파악한다는 의미에서 본다면, 완전한 이해는 결코 존재할 수 없다는 사실을 인식하는 것이다.

뛰어난 예술작품 또한 타인의 마음이 얼마나 추측하기 어려운지를 리얼하게 보여준다. 오즈 야스지로의 《도쿄 이야기》는 시골에 사는 노부부가 도쿄에 사는 아이들을 방문하는 영화이다. 장남은 집에서 작은 진료소를 하고 있는데, 쉬는 날 어렵게 약속한 도쿄 구경도 급한 환자 때문에 취소해야만 한다. 미용실을 하는 장녀는 싹싹하지 않은 것은 아니지만 생활에 쫓겨 마음의 여유가 없다. 그런 자녀들에게 때로 냉정한 대우를 받으면서도 늙은 아버지는 빙긋이 웃을 뿐이다. 그 표정을 보며 관객은 저 사람은 여간해서는 화를 내지 않고, 아이들이 자신의 뜻대로 해주지 않아도 그냥 웃으며 수용하는 '좋은 사람이구나'라고 생각한다. 배우 또한 그런 '체념한 사람'을 놀라울 정도로 잘 연기한다.

그런데 영화 후반에 늙은 아버지의 이미지가 변하는 장면이 있다. 늙은 아버지는 한때 신세를 졌던 핫도리라는 사람을 찾아간다. 그리고 고향 경찰서장이었다가 역시 도쿄에 나와 살고 있는 누마다와 함께 술을 마시게 된다. 누마다가 취해서 아들에 대한 불평을 늘어놓기 시작한다. 늙은 아버지가 경찰서장을 위로하다가 마침내 자식에 대한 자신의 속마음을 흘린다.

늙은 아버지: 하지만 누마다, 나도 이번에 올라오기 전까지는 내 자식이 대단한 일을 하고 있을 거라고 생각했네. 그런데 말이야, 이게 변변찮은 동네의사에 지나지 않는 거야. 자네가 하는 말 이해가 가. 나도 자네처럼 만족스럽지가 않아. 하지만 누마다, 이건 세상에 있는 모든 아버지들의 욕심이야. 욕심내기 시작하면 끝이 없어. 그래서 난 포기하기로 했어.
누마다: 그랬나?
늙은 아버지: 그래.
누마다: 자네도…… 그랬군…….
늙은 아버지: 그런 녀석이 아니었는데 말이야……. 할 수 없지.

영화를 보는 관객들은 이 장면에서 뜨끔해진다. 관객들은 항상 온화하게 웃는 얼굴로 모든 것을 수용하는 사람처럼 보이던 늙은 아버지에게, 자기 아들을 '변변찮은 동네의사'라고 비웃는 공격성이 감추어져 있으리라고는 꿈에도 생각하지 못한다. 그런데 생각지도 못했던 이런 장면이 튀어나와 깜짝 놀라게 되는 것이다. 늙은 아버지의 표정 속에 갑자기 나타난 차가운 칼날이 놀라운 효과를 보여준다. 그리고 이 예리한 칼이 사실은 온화한 아버지의 표정 뒤에 처음부터 있었다는 것을 깨닫는다. 이로써 사람의 마음은 복잡해서 타인의 마음을 완전하게 이해하는 일은 불가능하다는 당연한 진리가 확인된다.

그 칼날을 순간적으로 보이고 난 후 늙은 아버지는 영화가 끝날 때까지 다시 미소짓는 체념한 사람이 된다. 하지만 보는 사람의 마음속에 순간적으로 흐른 찬물은 따뜻해 보이는 물밑의 흐름이 되어 그 콘트라스트가 영화의 리얼리티를 유지한다.

마침내 고향으로 돌아간 늙은 어머니가 갑자기 병으로 쓰러지고 아이들이 문병을 온다. 어머니는 막내아들 게이조가 도착하기도 전에 불귀의 객이 되고 만다. 장례식이 끝나자 아이들은 하나같이 먹고살기 바쁘다며 잽싸게 돌아간다. 그러나 단 한 사람, 하라세츠코가 연기하는 수양딸 기꼬만은 아버지 곁에 남는다. 기꼬는 남편이 전사한 지 8년째가 되는 과부였다. 늙은 아버지가 혈연도 아닌 기꼬가 남아주어서 큰 힘이 되었다고 말하자 기꼬는 그때 처음으로 진짜 표정을 보인다.

기꼬: 아니오. 전 그렇게 좋은 사람이 아니에요. 아버님이 절 그렇

게 생각했다면 오히려 마음이 괴로워요.

늙은 아버지: 아니, 아니, 그렇지 않아.

기꼬: 아니, 맞아요. 전 나쁜 사람이에요. 아버님과 어머님이 생각하는 것만큼 남편만 생각하고 산 건 아니에요.

늙은 아버지: 괜찮다. 잊어도 괜찮아.

기꼬: 하지만 요즘은 생각나지 않는 날도 있는 걸요. 잊고 사는 날이 많아요. 나도 언제까지 이대로 살 수는 없다는 생각도 들고, 또 이렇게 혼자 살다가 어떻게 될지, 한밤중에 일어나 멍하니 앉아 있기도 해요. 하루하루가 아무렇지도 않게 지나가는 것이 굉장히 쓸쓸해요. 마음 한구석에서 무언가를 기다리고 있어요. 저 나쁘죠?

늙은 아버지: 아니야, 나쁘지 않아.

기꼬: 아니오, 나빠요. 이런 말을 어머님께 진즉에 하지 못했어요.

늙은 아버지: 그걸로 됐다. 역시 넌 솔직하고 좋은 사람이야.

기꼬: 말도 안 돼요.

여기에서도 관객은 갑자기 불의의 습격을 당한다. 기꼬는 미소로 무장한 상냥함의 대명사와도 같은 존재다. 노부부를 도쿄까지 데려다주지 않겠느냐는 제의에 자신의 일도 바쁘면서 싫은 내색 없이 흔쾌히 승낙한다. 결코 강요하지도 않지만 그렇다고 나르시스트도 아닌 그런 기꼬가 마지막이 되어서야 채워지지 않는 마음의 갈망을 고백한다. 물론 우리는 그런 기꼬의 마음 깊숙이 들어 있는 존재를 예감하고 있다. 하지만 그 심층이 실제로 표정에 나타나리라고는 예상하지 못한다.

그런데 예상치 못한 그 일이 일어난다. 기꼬의 고백은 사려 깊은 배려로 가득 찬 그 전까지의 대화 공간을 한꺼번에 변질시킨다. 영화 속에서 처음으로 사람의 마음과 마음이 깊은 차원에서 만난 것이다. 늙은 아버지와 기꼬 두 사람에게 더없는 행복의 순간이 찾아온다.

늙은 아버지는 "참, 이상하군. 내가 낳은 자식보다도 남인 네가 우리한테 더 잘해주었어"라며 감탄한다. 이 순간이 《도쿄 이야기》의 드라마적인 정점이다. 물론 늙은 아버지와 기꼬가 정말로 서로를 이해한 것은 아니다. 다만 이해했다는 환상을 공유했을 뿐이지만, 사람들은 그 환상으로 행복해진다.

우리는 자기가 보고 있는 빨강이 타인이 보고 있는 빨강과 똑같다고 확인한 적이 없다. 자기 의식 속의 말의 의미에 대한 이해가 타인의 의식 속의 말의 의미에 대한 이해와 똑같다고 확인한 적도 없다. 지금 내가 쓰고 있는 문장이 내가 의도한 의미 그대로 타인에게 읽혀질 거라고 보증할 방법도 없다. 그래도 사람과 사람은 커뮤니케이션을 할 수 있다. 단절 저편에 있는 타인의 마음과 교류할 수 있을 것 같은 생각이 든다. 생각해보면 이것은 정말 기적 같은 일이다. 그리고 이러한 기적을 유지시켜 주는 것은 우리 의식 속에 '타인의 마음'이라는 가상이 있기 때문이다.

지향성과 공간

단절 저편에 있는 것은 타인의 마음만이 아니다. 애당초 우리의 주관적 체험은 전부 뇌 속에 있는 신경세포가 만들어내는 뇌내현상이다. 뇌내현상인 이상 '나'라는 의식과 광대한 세계는 원래부터 단절되어 있다. 뇌라는 신경세포 덩어리에서 온몸 속으로 퍼져 있는 신경세포의 네트워크가 끝나는 지점에서 단절은 시작된다. '나'의 주관적 체험이라는 시점에서 보면, 신경세포가 끝나는 곳에서 '나'도 끝난다. 그래서 우리는 '현실 자체'를 알 수 없다. 우리의 뇌는 이 절대적인 단절을 조건으로 진화해 온 것이다.

지렁이가 흙 위에서 꿈틀거리는 것을 내려다보고 있다. 우리는 지렁이의 몸이 걷어내는 흙덩어리와 지렁이로부터 3센티미터 떨어진 작은 풀과 5센티미터 옆의 돌멩이를 본다. 하지만 지렁이에게는 이것이 보이지 않는다. 피부감각을 통해서 느끼는 밀리미터 단위의 피부 표면이 지렁이에게는 모든 세계이다.

본질적인 점에서 우리 또한 지렁이와 다르지 않다. 뇌내현상으로 생기는 시각의 도움으로 우리는 마치 광대한 공간을 직접 지각하고 있는 것처럼 느낀다. 마치 '신의 관점'을 획득한 것처럼 느낀다. 하지만 실제로는 우리가 느끼는 모든 것이 감각기관(이것은 지렁이와 똑같이 피부와 경막 등 우리 신체의 표면에 분포하고 있다)의 입력에 기초하여 일어나는 뇌의 신경활동에 따른 뇌내현상이다.

호시노 미치오(星野道夫)[2]는 풀섶에 엎드려 고개를 들고 있는 어미곰과 그 등에 올라탄 아기곰을 아주 가까운 거리에서 찍은 사진에 다음과 같은 글을 붙이고 있다.

나도 이대로 초원을 달려
네 몸을 만져보고 싶다.
하지만 나도 너도 떨어져 있다.
머나먼 별처럼 멀리 떨어져 있다.

광대한 우주에 펼쳐지는 공간적 단절은 이해하기 쉽다. 태양계에 가장 가까운 항성인 알파 켄타우로스 C까지 가는 4.3광년의 거리에는 실제적인 의미에서의 단절이 있다. 하물며 150광년이나 떨어진 페가수스 자리와의 사이에는 절대적이라고 해도 좋을 만큼의 단절이 있다.

하지만 호시노가 아름다운 언어로 쓴 것처럼 단절은 사실 훨씬 더 가까운 옆에 있다. 눈앞의 책상도, 컵도, 내가 손에 쥔 만년필도 전부 '나'로부터 절대적으로 단절되어 있다. 우리는 이들 '사물'을 신경세포가 활동할 때 공간패턴이 만들어내는 표상을 통해 파악하고 있다. 하지만 칸트의 표현을 빌리자면 우리는 이들 '사물 자체'에 결코 도달할 수 없다. 스스로의 뇌내현상을 통해 간접적으로 '사물 자체'의 소식에 접촉할 수 있을 뿐이다.

만지는 것마다 전부 황금으로 변해버리는 마이더스의 왕처럼, 우리는 주위에 있는 '사물 자체'를 모두 스스로 느끼는 표상으로 바꾸어버림으로써 세계를 파악하고 있는 것이다.

타인의 마음과의 단절은 '사물 자체'와의 단절 위에 이중으로 나타난다. 먼저 '사물 자체'인 타인의 뇌와의 사이에 단절이 있다. 그 단절된 뇌 속 신경세포의 활동에 타인의 마음이 깃든다. 우리는 그 타인의 마음의 존재를 자기 마음과의 유추를 통해 짐작한다. 우리는 자신이 보고 있는 빨강과 타인이 보고 있는 빨강이 정말 같은지 어떤지 확인할 방법이 없다. 내가 보고 있는 빨강이 사실은 그가 보고 있는 파랑이며, 내가 보고 있는 파랑은 그가 보고 있는 빨강이라 하더라도 객관적인 행동은 변하지 않는다. 이처럼 '역전하는 질감'의 가능성이 진지하게 이야기될수록 사람의 마음과 마음 사이에 있는 단절은 절대적이다.

사물 자체와의 단절. 타인의 마음과의 단절. 우리는 이러한 절대적 단절에 둘러싸인 뇌내현상을 통해 이 세상을 살아간다. 이 절망적인 단절 상황을 모르는 것처럼 행동할 수 있는 것은, 우리의 뇌가 진화과정에서 그러한 단절을 넘어서는 테크놀로지를 발전시켜 왔기 때문이다.

실제로 모든 것이 뇌내현상에 지나지 않는데도 불구하고 우리는 분명히 몸 밖에 있는 것을 느낄 수 있고 느낄 수 있다고 믿는다. 자기 눈앞에 책상이 있고 그 위에 컵이 있으며 컵 저편으로 벽이 있다. 객관적이고 물리적인 입장에서 보면, 그릇으로서의 공간이 먼저고 그 속에 우리의 몸이 들어가 있는 것이 된다. 한편, 뇌내현상으로서의 주관적 체험에서는 공간이라는 표상이 능동적으로 만들어져야만 한다. 책상이 있고, 컵이 있고, 벽이 있다는 공간적인 질서 또한 그것이 우리 의식 속에서 파악되는 한 능동적으로 만들어져야 한다.

뇌내현상으로서의 공간이 구성될 때 본질적인 역할을 하는 것이 지향성이다. 우리는 어디까지나 '신의 시점'을 획득한 것처럼 공간을 지각하는데, 그 공간은 반드시 '나'라는 중심의 주변에 펼쳐져 있다. 추상화된 공간 개념에는 본래 특권적인 중심점이 존재하지 않는다. 만약 정말 신의 관점이 있다면, 그것은 어딘가 특정한 곳에 중심점이 있는 것이 아니라 모든 공간에, 동시에 병렬로 모든 것을 파악할 것이다. 하지만 인간의 의식은 '나'가 중심이 된 형태로밖에 공간을 경험하지 못한다.

주관적 체험으로서의 공간의 각 점은 '나'에서 그 점으로 향한 시선을 통해 체험된다. '나'라는 중심점에서 내 마음의 그곳으로 향해지는 것, 즉 지향성을 통해 우리는 공간을 표상하며 동시에 공간이 구성된다. 두개골 속 신경세포의 활동으로 태어난 뇌내현상 속에 만들어진 '공간'이 뇌를 포함한 신체 '밖'으로 나올 수 있는 것도, 중심이 된 '나'로부터 가상의 외부세계로 향해진 지향성의 작용 때문이다. 인간에게 있어서 공간이란 선험적이고 객관적으로 존재하는 것이 아니라, 자신의 의식 중심에서 방사되는 지향성의 묶음에 의해 형태 지어진 가상인 것이다. '나'의 의식을 부드럽게 감싸고 있는 몸이라는 미디어 또한 감각과 운동이 융합된 영역에서 일어나는 지향성을 통해 물리적인 '신체 자체'와는 다른 가상으로서 시작된다.

뉴턴의 역학이 지배하는 물리적 공간도, 결코 알 수 없는 타인의 마음도, 모든 것은 의식 속 지향성으로 만들어지는 공간에 포함되어 있다. 의식은 우주의 모든 것을 포함하는 공간이라는 가상을 만들어내고, 그 속에 스스로를 놓음으로써 이 세계와 맞부딪혀 싸우기 위한 틀을 만들어냈다.

타인이라는 무서운 존재

타인의 마음이라는 가상에는 결코 그 자체에 완전하게 도달할 수 없는 미지의 어둠이 포함되어 있다. 때로 타인의 마음은 이 세상에서 가장 무서운 존재로 우리 앞에 나타난다.

유아기의 발달과정에서 어머니에게도 자신과 다른 독립된 마음이 있다고 느끼는 것은, 어머니가 따뜻한 애정으로 부드럽게 미소지으며 자신을 안아줄 때가 아니라, 예를 들면 배가 고파서 우는데도 평소 같으면 바로 주던 우유를 무슨 이유에서인지 주지 않을 때일 것이다. 울기만 하면 언제든 우유를 먹을 수 있다는 상황이 계속되는 한, 어머니는 언제나 자기의지에 따라 주는 도구로서 자신의 연장선상에 있는 존재에 지나지 않는다. 그런데 기분이 나쁜지 또는 다른 일에 마음을 뺏겼는지 그 이유는 알 수 없지만 울면 바로 주던 우유를 먹을 수 없는 일이 발생했을 때, 비로소 아기는 처음으로 어머니가 자신과는 다른 마음을 가진 존재라는 사실을 알아차리기 시작할 것이다.

타인의 마음이 우리가 살아가지 않으면 안 되는 현실의 일부를 이룬다고 볼 경우 우리는 그것과의 교류에서 느끼는 저항감, 마찰감 속에 비로소 타인의 마음의 리얼리티, 그것이 자신에게 갖는 절실함을 알아차리기 시작한다.

바그너의 악극 《니벨룽겐의 반지》에 나오는 지크프리트는 두려움을 모르는 젊은이다. 4부작의 마지막 장면인 '신들의 황혼'에서 하겐에게 배신당하고 죽어갈 때조차, 지금 자신이 죽어간다는 사실을 이해하지 못하고 있는 것은 아닐까 생각될 정도로 죽음을 비롯한 이 세계 속의 수많은 위험을 두려워하지 않는다. 이 어리석음 속에는 영웅적인 것과 동시에 무서운 구석이 숨어 있다. 세상의 모든 것을 지배할 힘을 준다는 반지를 지키는 거대한 용과 싸울 때도 지크프리트는 아무런 두려움도 느끼지 않는다.

하지만 용을 쓰러뜨리고 불에 싸인 산 정상에 잠든 미녀 브룬힐트를 찾았을 때 지크프리트는 처음으로 두려움을 알게 된다. 아이러니로 가득 찬 이러한 이야기는 인간에게 있어서 '타인의 마음'이란 어떤 것인가에 대한 본질을 충동질한다. 운명의 여인을 발견할 때까지 지크프리트에게 타인은, 단순히 이용당하거나 또는 이용하거나 배제시켜야 되는 '것'에 지나지 않았다. 그런데 자신이 사랑할 여자를 발견한 순간 처음으로 '타인의 마음'이 생생하게 올라온다. 그 '타인의 마음'이 절대적으로 불가사의한 '벽 저편'에 있는 것이 절실하게 느껴진다. 이 여자는 나를 어떻게 생각할까? 나를 좋아해 줄까? 내 사랑을 받아줄까? 그런 불안을 견디는 것이 연애라는 것이다.

사람은 사랑을 하면서 비로소 타인의 마음이 참으로 헤아리기 어려운 존재라는 사실을 절실하게 느낀다. 자신이 브룬힐트에게 거절당할 수 있다는 가능성을 인지했을 때, 지크프리트는 처음으로 자기에게 절실한 타인의 마음이 있음을 알게 된 것이다. 지크프리트 같은 용사라면 좀 억지를 써도 통하지 않을까 생각하는 것은 연애심리의 본질과는 관계가 없다. 밀면 움직인다는 단순한 역학에 따르지 않는 부드러운 존재이기 때문에 타인의 마음은 절실한 의미를 갖는다. 타인의 마음은 자신이 컨트롤할 수 있는 대상이 아닌 것이다. 상대에게는 상대의 의지가 있고 가치판단이 있다. 그런 타인의 마음이 자신의 독자적인 의지로 나에게 호의를 보낸다. 그래서 연애에 성공했을 때 그렇게 기쁜 것이다.

지크프리트도 브룬힐트가 자신의 사랑을 받아주었을 때 처음으로 알게 된 두려움까지 극복하며 하늘을 날아갈 것처럼 기뻤을 것이다.

산타클로스 또한 반드시 선물을 갖다준다고는 볼 수 없다. 나쁜 아이에게는 선물을 주지 않는다는 말을 들었을 때, 아이의 마음속에 생기는 불안이야말로 산타클로스라는 가상의 절실한 요소다. 산타클로스는 선물을 주문하면 반드시 전해주는 편리한 도구가 아니다. 그가 독자적인 의지를 가진 자유로운 존재이기 때문에 크리스마스 아침, 양말 속에 있는 선물을 찾은 어린 아이는 더할 수 없는 기쁨을 느끼는 것이다.

단절로 가득 찬 세계

나 역시 한 사람 한 사람의 마음이 서로를 절대적으로 단절시키고 있음을 얼마나 진지하게 받아들이며 하루하루를 살아가고 있는지에 대해서는 자신할 수 없다. 때로는 사람의 마음을 알았다고 쉽게 생각할 때도 있고, 저 사람은 이러저러하다며 단정 짓는 경우도 있다. 원리적으로 타인의 마음은 알 수 없다는 사실을, 타인이 가진 마음의 독자성을 존중하는 방향으로 얼마나 바꾸어 나가고 있는지도 의심스럽다.

'타인의 마음은 절대로 알 수 없다'는 명제의 절실함을 뼛속 깊이 느끼며, 그것을 전제로 세상을 보도록 강한 동기부여를 받은 것은 극히 최근의 일이다.

우리 아이가 초등학교 1학년이 되었을 때 문득 '내가 어릴 때 학교에서 체험했던 내적 생활에 대해 부모님이 대략은 알고 있을 거라고 생각했는데 사실은 아무것도 모르고 있었다'는 생각이 들었다. 이것은 내 아이가 다니던 초등학교 옆을 걸을 때

문득 떠오른 느낌이었다. 내가 초등학교 안에서 벌어지는 우리 아이들의 생활을 얼마나 파악하고 있는가를 생각해보면, 우리 부모님이 내 초등학교 시절의 내적 생활을 알고 있는 정도와 크게 다르지 않음을 알 수 있다. 그런 간단한 사실을 왜 몰랐을까 하는 생각이 들지만 사실 간단한 일일수록 알아차리기가 어려운 법이다.

내가 초등학교 1학년이었던 때를 되돌아보면, 굉장히 극적인 변화가 내부에서 일어나고 있었던 것 같다. 다른 아이들이 나와 전혀 다른 정신생활을 하고 있다는 사실을 처음으로 알게 된 것도 그 무렵이었다. 내가 집으로 돌아가면 늘 그 아버지와 그 어머니가 계시는 것처럼 A군도 집에 가면 우리 부모와는 전혀 다른 부모가 있고 그런 생활이 계속 이어진다는 것을 어느 순간 깨달았다. A군이 나에게는 보이지 않는 내적 생활을 한다는 사실 자체도 신기했지만, A군과는 유치원 때부터 줄곧 같이 놀았는데 그와 나의 내면생활이 전혀 다르다는 사실을 그때서야 처음 알게 된 것 또한 신기하다는 생각이 들었다. 그러한 내 마음은 부모님도 몰랐던 사실이었을 것이다. 내 아이의 마음속에 지금 어떤 극적인 변화가 일어나고 있는지 나 또한 알 수 없다.

그렇게 생각해보면 당장 알아차릴 수 있는 것도 계속 알아차리지 못한 채 지나갈 수 있는 인간의 마음이 당시는 물론 30년 가까운 세월이 흐른 지금도 신기하게만 생각된다. 그리고 지금도 여전히 당연한 사실을 알아차리지 못하고 있음에 틀림없다.

이 세계는 서로 절대적으로 들여다볼 수 없는 마음을 가진 사람과 사람이 왕래하는 '단절'의 세계이지, 세계 전부를 바라보는 '신의 관점' 따위는 없다. 각각의 사람에게 각각의 '개인적인 세계'가 있을 뿐이다. 그리고 이 '개인적 세계'는 원리적으로 단절되어 있다. 우리는 그 단절의 벽을 넘어 간신히 가는 실을 잇는 것이며, 그때 타인의 마음이 단절의 저쪽 너머에서 어렴풋이 올라온다.

인간 개개인에게 있어서 절대 조건은 세계가 근본적으로 단절되어 있다는 사실이다. 어떻게 해서든 그 단절을 넘어서며 타인과 왕래하는 가운데 우리는 타인의 마음이라는 가상을 만들어낸다. 그것이 우리 인간이 '살아가는 삶'인 것이다.

주(註)

1) 세이쇼나곤: 일본 중고시대의 작가로 대표작으로는 《마쿠라노소시》가 있다. 일본 최초의 수필문학인 《마쿠라노소시》는 시간과 장소로부터 해방된 미적 감각을 나타내 일본문학의 새로운 형식을 열었으며, 무라사키 시키부의 《겐지 이야기》와 함께 일본문학사의 금자탑이다.

2) 호시노 미치오: 알래스카에 살면서 알래스카의 자연과 야생동물, 그리고 그곳에 사는 사람들을 사진으로 찍었던 일본 야생사진작가. 〈그리즐리〉 등으로 아니마상과 기무라 이헤 사진상을 수상했으며, 《알래스카 여행기》, 《여행하는 나무》, 《숲으로》 등의 많은 작품을 남겼다.

7. 기억나지 않는 기억

기억, 시간을 만들다

시간의 흐름을 느끼는 것은 의식의 속성 가운데서도 가장 신기한 일 중 하나다. 만약 '지금, 여기'를 느끼는 것만이 현실이라면 지나간 시간은 이미 가상이다. 아무리 1초 전이라도 과거는 가상 속에서만 존재하며, 기억이 과거의 가상을 유지한다. 아무런 기억도 지니지 않은 존재는 항상 '지금, 여기'에만 존재하기 때문에 과거라는 가상을 가질 수가 없다.

    미래는 그 어떤 의미에서도 가상으로밖에 존재하지 않는다. 어느 정도 예측 가능한 미래는 극히 일부에 지나지 않는다. 1분 후에 자기가 의식을 지닌 존재로서 여기에 있을지 어떨지조차 우리는 알 수 없다. 미래는 절대 알 수 없는 존재로서 우리 앞에 있다. 그 미래를 우리의 의식은 지향성 속에서 바라본다.

지향성의 다발로 공간을 만들어내는 것과 마찬가지로 우리의 의식은 과거와 미래에 대한 지향성이 배열된 형태로 시간을 구축한다. 우리는 사물의 경우처럼 물리적인 시간 자체를 알 수 없다. 그리고 그렇게 만들어진 의식 속의 현실에서 '지금'의 나는 '과거'의 나로부터, 그리고 '미래'의 나로부터 절대적으로 단절되어 있다.

만약 의식 속에서 느껴지는 시간이 물리적인 시간 자체의 소식을 간접적으로 전하는 가상이라면, 기억은 시간이라는 가상을 성립시키는 중요한 요소이다.

언제부터인가 나는 기억나지 않는 기억이 굉장히 신경 쓰였다. 그렇다고 기억력이 나빠져 힘들다거나 중요한 일을 도저히 기억해 내지 못한다거나 그런 적은 없었다. 기억나는 것이 없기 때문에 기억나는 기억보다도 더 절실한 형태로 우리의 인생에 개입하는 기억의 흔적이 신경 쓰였다. 과거는 기억나지 않을 때야말로 우리에게 가장 소중한 것이라는 느낌이 들었다.

기억나지 않는 기억을 의식하게 된 계기는 분명히 미키 시게오(三木成夫)[1]였지만 그의 책 때문은 아니었다.

예전 도쿄예술대학에 생물학을 가르치는 미키 시게오라는 교수님이 계셨다는 사실은 어렴풋이 알고 있었다. 몇 년 전부터 미키 시게오라는 사람에 대해 주변 사람들이 이야기하는 것을 종종 들었고, 그가 해부학 교수이며 생물의 형태와 진화 문제에 대해 상당히 재미있는 이야기를 한다는 사실도 알고 있었다. 인간의 태아가 성장과정에서 어류와 양생류(兩生類), 그리고 파충류 형태를 거친다는 내용을 '생명기억'이라는 개념을 이용해 이야기한다는 사전 지식도 있었다.

하지만 그때까지의 삶 속에서 미키 시게오라는 사람은 나와 인연이 있는 사람은 아니었다. '미키 시게오'라는 이름만이 고대의 기억처럼 내 머릿속에 각인되어 그의 사상이 궁금하기도 했고, 그가 쓴 책을 읽어보고 싶다는 생각을 하기는 했지만 실제로 접한 적은 없었다. 내가 신뢰하는 사람들이 존경의 마음을 담아 언급하는 '미키 시게오'는 잘 알 수 없는 기호로서 우주에 떠 있었다.

미키 시게오에 대한 생각이 바뀌게 된 계기는, 모 출판사에서 발행한 《생각하는 사람》이라는 잡지의 특집기사를 통해서였다. 후세 히데토(布施英利)[2]와 요로 다케시가 미키 시게오를 회고하고 있었다. 그런데 요로 다케시의 글 중에 미키 씨가 도쿄대학 의학부에서 강연을 한 뒤 박수를 받았다는 부분이 있었다. 그 순간 나는 '아! 미키 시게오가 도쿄예술대학에 있었고, 도쿄대학 의학부에서 특별강연을 한 적도 있었구나'라는 생각을 했다. 글을 읽을 때는 무심코 지나갔는데 한참 뒤에 길을 걷다가 갑자기 '아!'라는 생각이 들었다.

나도 미키 시게오의 강연을 한 번 들은 적이 있다는 생각이 든 것이다. 아마 막 대학을 졸업했을 때로 기억한다. 당시 여자친구와 도쿄대학 본교 캠퍼스를 걷고 있던 나는 우연히 미키 씨의 강연 포스터를 발견했다. 아마 '태아'에 대한 강연이었을 것이다. 태아라는 이미지가 문자로 들어왔는지 아니면 사진이나 그림으로 들어왔는지 확실하지 않지만, 어쨌건 우리는 그 포스터에 마음이 끌려 자연스럽게 강연장으로 들어갔다.

도쿄대학 의학부 1호관 강의실은 사람들로 꽉 차 있었다. 우리는 입추의 여지가 없는 강의실 제일 뒤에 서서 그 강연을 들었다. 슬라이드로 태아의 사진을 굉장히 많이 보여줬던 것 같다. 그러는 가운데 강사는 태아가 태내에서 성장하는 과정에 '상륙한다'고 말했다. 구체적인 내용은 잊었지만 묘한 힘과 기백으로 가득 찬 강연이었다. 눈 깜짝할 사이에 1시간이 지나 강연이 끝나자 다른 사람들과 함께 나도 열심히 박수를 치고 있었다.

강의실의 불이 켜지자 나는 내 옷 앞가슴 부분이 촉촉하게 젖어 있다는 사실을 알아차렸다. 깜짝 놀라 옆을 돌아보니 여자친구가 펑펑 울고 있었다. 그 눈물 때문에 내 옷이 젖었던 것이다. 마침내 상쾌한 바람이 부는 밖으로 나온 우리는 방금 끝난 강연에 대한 감상을 나누었다. 내가 왜 울었느냐고 묻자 여자친구는 "강연을 들으면서, 왜 사람들은 전쟁을 하는 것일까라는 생각을 했다"는 취지의 말을 했던 것 같다.

여러 가지 상황을 종합해보니 그 강연을 들은 것은 1985년이었다. 최근 몇 년 동안 주위에서 가끔씩 미키 시게오라는 이름을 들으면서도, 그의 강연을 들은 적이 있다는 생각은 단 한순간도 내 마음을 스치지 않았다. 그 강연을 한 사람이 미키 시게오라는 생각도 못했고, 심지어는 강연을 들었던 사실 자체도 기억해내지 못했다. 하지만 '생각하는 사람'의 미키 시게오 특집이 계기가 되어 이것저것 생각해보니 분명히 그가 미키 시게오였다는 생각이 들었고, 그런 상황에서 그런 이야기를 할 사람은 미키 시게오 말고는 없다는 생각이 들었다.

자꾸만 신경이 쓰여서 후세 히데토에게 확인했더니 아마 도쿄대학 5월 축제에 있었던 강연이었을 것이라고 말해주었다. 미키 시게오는 도쿄대학에서 두 번 강연을 했는데, 첫번째 강연에는 후세 히데토와 요로 다케시도 함께 참석했다. 후세는 아마도 내가 두번째 강연을 들은 것 같다고 말했다. 1987년에 미키 시게오가 세상을 떠났으므로 나는 거의 말년에 그를 만난 셈이 된다.

기억나지 않는 기억

미키 시게오의 강연을 들었으면서도 그 사실을 기억하지 못한 채 십몇 년의 시간이 흘렀고, 다른 사람들이 미키 시게오라는 이름을 주문처럼 말하는 것을 들으면서도 나와는 아무 상관이 없는 일로 생각했다는 사실은, 기억에 관한 내 관념을 흔들어놓았다. 이제 와서 새삼스럽게 '기억나지 않는 기억'의 중대함을 알아차리게 된 것이다.

'기억' 하면 우리는 '그때 그런 일이 있었지' 정도로 기억나는 기억만 문제 삼기 십상이다. '초등학교 3학년 때 개펄로 조개잡이를 갔다' 던가 '그때 내 친구가 이런 말을 했다'는 경우처럼 생각나는 기억을 에피소드 기억이라고 한다. 흔히 우리는 에피소드 기억을 기억의 왕자라고 생각하기 쉽다. 하지만 만약 과거의 흔적이 남아 있는 것을 '기억'이라고 명명할 수 있다면, 우리 뇌 속의 기억 가운데 에피소드로 생각해낼 수 있는 기억은 극히 일부에 지나지 않는다.

우리 뇌 속에 있는 신경세포들 사이의 결합은 매일매일 시시각각으로 변하고 있다. 우리는 사람을 만나고, 거리를 걷고, 와인을 마시고, 책을 읽고, TV를 보고, 여행을 하고, 일을 한다. 수많은 체험의 흔적이 신경세포 사이의 결합패턴 변화로서 우리 뇌 속에 축적되어 간다. 그 전체 흔적 가운데 에피소드로 생각해낼 수 있는 기억은 이른바 빙산의 일각에 지나지 않는다. 그리고 하나의 에피소드 기억 주위에는 결코 생각해낼 수 없는 기억과 명시적으로 이름붙일 수 없는 체험의 흔적이 맴돌고 있는 것이다.

대부분의 사람들은 졸업 후 몇 년이 흐르면, 중학교와 고등학교 수업시간에 선생님이 어떤 말을 했는지 별로 기억하지 못할 것이다. 조금이라도 기억하는 것이 있다면 그것은 대부분 선생님이 했던 잡담들이다. 중학교와 고등학교 6년 동안 우리는 총 1000시간 정도를 교실에서 보냈다. 하지만 책상에 꼼짝없이 앉아 있어야 했던 시간의 흐름 속에서 들은 하나하나를 우리는

'기억나지 않는 기억'으로 기억한다.

내 경우에도 중학교 때 영어선생님이 인도여행에서 돌아와 흥분된 목소리로 "여자들이 하나같이 예뻤다"고 말했던 것을 기억하고 있는 정도다. 결국 그 선생님은 나중에 학교를 그만두고 여행사 가이드가 되었다.

그래도 우리 뇌 속에는 아주 오랜 시간 책상 앞에 앉아 선생님의 수업을 들었던 체험이 겹겹의 흔적으로 남아 있다. 그렇기 때문에 한 번도 외국에 간 적이 없고 외국인과 말한 경험이 없는 사람이라도, 18살 봄에는 어느 정도 영어를 할 수 있게 된다. 교육의 효과는 '기억나지 않는 기억'으로 축적되어 나간다. 선생님들은 학생들에게 에피소드로 상기되지 못하는 흔적을 심어 주면서 그것을 천직으로 삼고 있는 것이다.

나는 미키 시게오의 강연을 들었음에도 오랜 세월 그 사실을 기억해 내지 못했다. 그러나 십수 년의 공백 기간 동안 미키 시게오의 강연을 들었다는 흔적이 내 안에 없었던 것은 아니다. 오히려 에피소드로 꺼낼 수 없는 차원에서, 나는 미키 시게오의 강연이라는 일회성 체험의 흔적에 지배받아 왔던 것은 아닐까 생각한다.

인도네시아 발리 섬에 갔을 때, 파도치는 바닷가에 앉아 밤 바다를 바라본 적이 있다. 그때 나는 미키 시게오의 강연이 남긴 흔적의 작용을 전신으로 느끼고 있었는지도 모른다. 누군가가 임신했다는 말을 들은 순간, 내 머릿속에서는 미키 시게오가 보여주던 태아 사진에 대한 흔적이 되살아났던 것은 아니었을까 라는 생각도 든다. 실제로 그때 내가 강연에 참석해서 미키 시게오가 말하는 것을 들음으로써 결정적이라고 할 만큼의 영향이 뇌 속에 남겨졌을지도 모른다.

어떤 체험의 흔적이 개인의 삶과 세계관에 영향을 미치기 위해서 그 흔적이 반드시 기억해낼 수 있는 에피소드로 올라올 필요는 없다. 기억은 기억나는가의 여부가 본질이 아니라 오히려 기억나지 않기 때문에 절실한 기억도 있다.

기억나지 않는 과거라는 거대한 가상 위에 '지금, 여기' 우리는 살고 있다. 기억나지 않는 과거가 나의 뇌 속에 남긴 방대한 흔적이라는 '안전기지'가 없으면, 우리는 무슨 일이 일어날지 모를 미래와 맞설 수가 없다.

태어나기 전의 기억

기억나지 않는 기억이라는 문제를 시간적으로 훨씬 더 거슬러 올라가면, 자신이 태어나기 전의 기억이 문제가 된다. 이것은 인도에서 태어난 소년이 전생에서의 체험을 기억하고, 자기가 전생에 살던 마을에 가서 마을사람들의 이름을 맞추었다는 그런 오컬트적인 이야기가 아니라 어디까지나 과학주의적 세계관과 정합성이 있는 이야기다.

일반적으로 사람들은 '기억' 이라는 말을 할 때 자기가 태어난 후의 기억을 문제시 한다. 자신의 인생에서 에피소드로서 생각해낼 수 있는 일, 자기가 태어난 후 기억나는 일을 이른바 자신의 기억이라고 생각한다. 원리적으로 이들 기억은 생각해낼 수 있는 기억이다. 하지만 만약 생각해낼 수 없는 기억까지도 기억이라고 부른다면, '기억'이라는 말이 나타낼 수 있는 범위는 확연히 넓어지게 된다.

인간 각자의 신체조직 속에는 과거의 오랜 진화 역사 속에 새겨진 수많은 흔적들이 있다. 미키 시게오가 말했듯이 모든 생물이 기본적으로 하나의 소화기관을 갖고 있다는 전제조건은 인간에게도 똑같이 해당된다. 미국 아이오와대학의 뇌과학자 안토니오 다마시오(Antonio Damasio)는 인간의 인지과정을 생각해 볼 때 '내장 감각'이 중요하다고 주장하고 있다. 다마시오에 따르면, 우리가 세계와 마주하고 수많은 의사결정을 해나가기 위해서는 뇌가 내장으로부터 받는 신호가 중요하다. '왠지 잘 될 것 같다'거나 '어쩐지 이상한 예감이 들었다'라는 말을 할 때 우리는 내장을 비롯한 몸에서 뇌로 보내주는 정보를 참조하고 있다는 것이다.

다마시오가 말하는 내장 감각에 소화관을 중심으로 한 생물의 오랜 진화 역사의 흔적이 반영되는 것은 당연한 일이다. 또한 그런 흔적이 기억나지 않는 기억으로 작용한다는 것도 생각해보면 당연한 일일 것이다. 그리고 그것이 미키 시게오의 말을 빌리면 '생명기억'의 문제다.

진화와 같은 아주 오랜 시간의 스케일만 그런 것이 아니다. 에도시대나 메이지시대 사람들의 생활감정의 흔적이 현대를 살아가는 우리에게 '기억나지 않는 기억'으로 존재할 수도 있다.

고콘테이 신쇼(古今亭志ん生)[3]가 자신의 반평생을 정리한 《해삼 함대-고콘테이 신쇼의 반생》이라는 책이 있다. 이 책에서 그는 현재 도쿄 우에노에 있는 마츠자카야 백화점 부근은 밤만 되면 깜깜해져서 초롱불을 들지 않은 사람들은 손으로 더듬거리며 걸었다고 술회하고 있다. 신쇼가 태어난 것이 1890년이니까 그의 소년시대는 지금부터 약 100년 전이 된다. 그러므로 100년 전 도쿄에서는 사람들이 밤길을 손으로 더듬거리며 걸었다는 얘기다.

물론 1962년에 태어난 나에게는 그런 기억이 있을 리가 없다. 그럼에도 100년 전 도쿄에서 일반적이었던 '어둠 속을 손으로 더듬거리며 걷는' 행위가 하나의 기억나지 않는 기억으로 내 안에 흔적을 남기고 있을 가능성은 있다. 물론 내가 실제로 100년 전 도쿄에서 어둠 속을 더듬거리며 걸었다는 뜻은 아니다. 나의 뇌와 몸은 이 세상에 태어나서부터 내 삶 속에 형태 지어진 것이며, 동시에 나라는 개체 탄생에 이르는 장구한 생명의 먹이사슬 속에서 이어지고 조건 지어져 온 것들이다. 바로 그 조건 가운데 '어둠 속을 손으로 더듬거리며 걷는' 요소도 있었을 것이라는 사실이다.

운동을 컨트롤하는 중추신경과 근육과 골격 등의 신체적 구조, 피부감각 등이 만들어내는 나라는 시스템은 태어나서 단 한 번도 어둠 속을 걸은 적이 없다. 하지만 막상 그런 일이 닥치면 해낼 수 있도록 준비되어 있음에 틀림없다. 그것이 내 속에 남아 있던 흔적이며 생명기억이고 기억나지 않는 기억이다.

나는 나가노에 있는 젠코우시(善光寺)에서 '어둠 속을 손으로 더듬거리며 걷는' 기억나지 않는 기억을 찾아낸 것 같다. 젠코우시 대웅전 아래에는 '계단(戒壇)돌기'라는 장소가 있다. 사람들이 어둠 속을 손으로 더듬거리며 걷다가 극락으로 이어지는 자물쇠를 만지면 행복을 얻을 수 있다는 장소이다.

내가 계단돌기를 처음 찾은 것은 몇 년 전의 일이었다. 어떤 의미의 장소인지 알고 있었고, 그곳이 깜깜하게 어두운 곳이라는 정도의 지식은 있었다. 하지만 젠코우시 대웅전에 들어가 지하로 이어지는 계단을 내려갔을 때 나는 나를 둘러싼 완벽한 어둠에 완전히 기가 질리고 말았다. 불특정다수의 사람이 출입하는 장소가 이렇게까지 아무것도 보이지 않는 새까만 암흑이리라고는 전혀 생각지 못했다. 완전한 암흑 속에 내던져지자 내심 상당히 동요되었다. 이마 부분에 찌릿찌릿 하는 뜨거운 것을 느끼면서(이것은 아마 암흑 속의 돌출물에 갑자기 이마를 부딪칠 가능성을 몸이 느끼고 준비하고 있었던 게 아닌가 생각된다) 나는 벽을 타고 천천히 걸었다.

고생고생 한 끝에 마침내 자물쇠를 만지게 되어 지상의 빛 속으로 나왔다. 나는 자물쇠를 만졌다는 사실보다도 암흑 속에서 빠져나왔다는 사실에 숨을 돌릴 수 있었다. 완벽한 어둠 속에서 걷는 체험은 그만큼 나를 동요시켰다.

그전까지도 어둠 속을 걷는 체험이 전혀 없었던 것은 아니다. 예를 들면 귀곡산장도 있었고, 한밤중에 절로 물고기를 잡으러 갔을 때, 앞에 있는 전봇대까지 눈을 감고 걸었을 때, 정전되었을 때, 내 손은 분명히 어둠 속을 더듬거렸다. 하지만 젠코우시의 계단돌기처럼 정말 아무것도 보이지 않는 암흑 속을 걸었던 경험은 처음이었다.

계단돌기는 자신이 처해 있는 무력한 상태를 중생에게 자각시켜 부처의 자비를 구하게 한다는 취지의 장치일 것이다. 그런데 나는 그 장소에서 틀림없이 우리 조상들에게 익숙했을 체험, 즉 어둠 속을 손으로 더듬거리며 걷는 내 안의 '기억나지 않는 기억'을 찾아낸 것이었다.

언어, 기억나지 않는 기억의 축적

'지금, 여기'에 있는 나는 '지금, 여기'에 이르는 방대한 과거의 축적 속에서 세상을 마주 대하고 있다.

"내가 다른 사람보다 멀리 볼 수 있었다면, 그것은 거인의 어깨에 올라갔기 때문이다"고 뉴턴은 말했다. 우리는 '기억나지 않는 기억'이라는 방대한 거인의 어깨에 올라가 '지금, 여기'에서 일어나는 수많은 것들을 인식하고 행동한다. 질릴 만큼 수많은 가상의 계보 위에 지금 우리가 만들어내는 가상이 있다.

언어는 기억나지 않는 기억이라는 거인의 은혜 가운데 최고의 것이다. 이렇게 무언가를 써서 기록하는 문장은 내가 생각하고 기록한다는 의미에서 분명히 나의 창작물이지만 이 문장을 구성하고 있는 언어 가운데 단 하나도 내가 발명한 것은 없다.

어떤 말이든 처음에는 어딘가에서 태어났을 것이다. 하지만 지나치게 원초적인 언어를 준비 없이 사용하는 사람은 대부분 사회 생활을 하기 힘든 경우가 많다. 지금 이 자리에서 전혀 새로운 말을 만들어보자. 완전히 새로운 언어이면서 그 말의 의미가 바로 이해될 것 같은 그런 말을 만들어보자는 말을 들으면, 사람들은 그것이 얼마나 어려운 일인지 바로 깨달을 것이다.

우리는 대부분 이미 세상에 존재하고 있는 말을 이용해서 사람들과 소통하고 있다. 그 언어 하나하나의 뜻은 우리가 태어난 이후 삶의 어딘가에서 배운 것들이다.

우리 안에 있는 언어의 의미에 대한 이해는 지금까지의 삶에서 그 언어를 만난 체험(터치 포인트)의 총체로 결정된다. 모국어 단어를 "그 말이 무슨 뜻이야?"라며 새삼스럽게 묻거나 사전을 찾아보는 경우는 좀처럼 드문 일이다.

예를 들면, '빛'이라는 언어의 뜻은 '빛'이라는 언어를 사람들이 어떤 문맥에서 사용하는지 물어보거나 또는 어딘가에서 읽거나 자기 자신이 어떤 문맥에서 사용했는가라는 터치 포인트의 총체로 정해진다. "봐, 저기 보이는 빛이 파리야", "더 많은 빛을", "슬슬 아침빛이 보이기 시작하는 시간이다", "그녀는 내 인생의 빛이다", "터널 저 끝에서 빛이 보였다", "빛이란 전자파를 말한다", "빛은 1초 동안 30만 킬로미터를 간다" 등. '빛'이라고 사용되는 언어 하나하나와 터치 포인트의 총체가 우리 뇌 속에서 '빛' 이라는 언어의 의미를 구성하고 있다.

때로는 하나의 터치 포인트가 어떤 단어에 대한 이미지를 바꾸어버릴 때도 있다. 예를 들면 나는 고등학교 때 이즈미 시키부의 "생각해보면, 반딧불도 내 몸인가 애태우니. 행여 영혼일까 바라보네"라는 와카(和歌: 일본의 전통적인 시-옮긴이)를 읽고 강렬한 인상을 받았다. 아마도 이 터치 포인트를 통해 그때까지 내가 가지고 있던 '반딧불' 이라는 언어에 대한 이미지가 변했을 것이다. 고바야시 히데오가 쓴 〈감상〉의 머리말에서 어머니가 돌아가신 며칠 후 저녁에 반딧불을 보고 그 반딧불이 어머니로 여겨졌다는 문장을 읽었을 때도 '반딧불' 에 대한 이미지가 변했을지 모른다.

언어의 의미에 대한 사람들의 이해는 그가 태어나서부터 그 언어에 접해온 터치 포인트의 총체로 정해진다. 즉 '빛' 과 '반딧불' 이라는 말을 사용할 때는 그 사람의 그전까지의 체험의 총체가 들어 있다. 언어는 구체적인 에피소드로는 기억해낼 수 없지만, 현재 우리의 삶과 느낌에 절실한 영향을 미치고 있는 과거 흔적의 총체를 조직화하기 위한 마디로서 태어난다.

하나의 말에는 많은 '기억나지 않는 기억' 이 달라붙어 있다.

나폴레옹이 이집트 원정을 갔을 때 그는 피라미드 앞에서 "4000년 역사가 우리를 내려다보고 있다"며 병사들을 고무했다고 전해진다.

우리가 일상적으로 사용하고 있는 말 속에는 정신이 아득해질 만큼, 그리고 실제 아무것도 기억나지 않을 만큼 장구한 시간을 가진 인간 체험의 역사가 흔적으로 남아 있다. 언어 하나하나를 통해 우리는 인류가 언어를 획득한 이래의 긴 역사를 들여다보고 있다. '슬프다'는 말을 사용할 때, 여기에는 우리가 태어나기 전의 긴 역사에서 이 말을 면면히 사용해 온 사람들의 체험이 집적되어 있다. '슬프다'는 말이 가지고 있는 기억해낼 수 없는 기억 속에는, 전쟁터의 절규가 있었을 수도 있고 어둠 속에서의 한숨과 엇갈리는 마음에 대한 탄식이 있었을지도 모른다. 조상들의 방대한 역사로서 가상할 수밖에 없는 시간의 흐름이 '슬프다'라는 말 하나에 들어 있다.

물론 우리가 태어나기 전의 과거는 단편적으로 전해지는 정보를 제외하고는 우리가 가상할 수 없는 존재이다. '슬프다'는 말 앞에서 우리가 그 '슬프다'라는 말에 달라붙어 있는 옛사람들의 체험의 총체를 손에 잡힐 듯이 바라볼 수 있는 것도 아니다. 그런 의미에서 '슬프다'라는 말에 달라붙어 있는 과거는 가상 속에만 존재한다. 이렇듯 말은 역사라는 가상의 계보를 현재의 우리에게 연결해서 묶어주는 마디가 되어 있다.

예를 들면, 친구와 같은 방에 묵었던 밤, 옆방에서 '바스락

바스락' 거리는 소리가 들려왔다고 해보자. "저 바스락거리는 소리가 무슨 소리지?" "글쎄, 종이봉투에서 뭔가 꺼내는 소리 아닌가?" 아무렇지도 않게 사용되고 있는 '바스락'이라는 말에는, 그전까지 역사 속에서 사용되어 온 터치 포인트의 집적이 반영되어 있다. 현대인이 아무렇지도 않게 나눈 이야기 속에 사용된 '바스락'이라는 말 속에는 다음과 같은 옛날 사람의 체험이 희미하게 남아 있을지도 모른다.

같은 마을 입구에 사는 사사키 씨 집에서 있었던 일이다. 어머니 혼자 바느질을 하고 있을 때 어느 순간 종이가 바스락거리는 소리가 들렸다. 그 방은 바깥주인의 방으로, 오래전 도쿄로 나가 연락이 끊어진 상태라 이상한 생각이 들어 문을 열어보면 그림자 하나 볼 수 없다. 한참동안 앉아 있으면 다시 어디선가 끊임없이 코를 킁킁거리는 소리가 들려온다. 그러면 방에 어린애가 있는 게 아닌가 싶은 생각이 든다.

―야나기다 구니오, 《도노 이야기》

《도노 이야기》(遠野: 이와테현의 소도시로, 옛날부터 민화의 고향으로 알려져 있다-옮긴이)에 써 있듯이 '옛날'은 이제 이미 가상할 수밖에 없는 과거이다. 그럼에도 현대의 우리가 앞의 글을 읽으면 왠지 그리움이 묻어난다. 예전부터 나는 그것이 신기하다고 생각했다. 자기가 경험하지도 않은 일을 왜 그립다고 느끼는 것일까? 처음 읽는 것인데도 그리운 느낌이 드는 것은 왜일까? 나는 그곳에 패러독스가 있다고 본다.

하지만 말의 의미가 성립되는 것을 생각해보면 그리움은 신기할 것도 아무것도 아니라는 것을 알게 된다. 우리가 일상적으로 사용하고 있는 말 하나하나는 기억해낼 수 없는 기억으로 유지되고 있다. 우리가 '바스락'이라는 말을 듣고 읽고 사용할 때, 그곳에는 옛날 사람들이 체험해 온 방대한 '기억나지 않는 기억'이 묻어 있다. 우리는 일상에서 사용하는 수많은 말을 통해 '저것은 사랑방에서 나는 어린애 소리'라며 아무렇지도 않게 말하는 옛날이야기 속의 어머니와 이어져 있는 것이다.

그리운 미래

신기한 우연으로 미키 시게오의 강연을 들은 적이 있다는 '기억나지 않는 기억'을 기억해낸 그 무렵부터, 나는 미키 씨가 있던 도쿄예술대학에서 미술해부학 수업을 하게 되었다.

학생들은 원래부터 과거보다 미래에 흥미를 갖는다. 과거보다 미래가 어떻게 될지에 관심을 가지며, 자기가 미래를 만들고 싶다고 생각한다.

과거와 결별하고 미래지향적이기를 원하는 것 자체는 존경할 만한 일이다. 하지만 미래라는 가상을 안고 있는 사람들 가운데도 어쩔 수 없는 과거의 흔적이 반드시 남아 있다. 특히 청년시절에는 전위적인 삶을 원한다. 하지만 아무리 과거와 단절되어 전위적으로 살고 있다고 생각해도 그 사람의 전위라는 표현에는 반드시 과거의 방대한 기억나지 않는 기억이 붙어 있다.

전위적이고자 해도 어쩔 수 없이 과거의 기억이 달라붙어 있는 것이라면 마음껏 전위적으로 살아도 된다. 어떤 전위도 반드시 그리움을 가진 것이 되어버린다면, 또는 모든 미래가 원리적으로 과거를 끌고 다녀야 한다면 의식 속에서는 더욱더 마음껏 과거와의 단절을 지향해도 된다.

무의식이 거인의 어깨를 당겨준다. 기억나지 않는 기억을 맡아 과거와의 연속성을 보증해준다. 그러니 마음껏 과거와 단절하고 전위적이 되라며 나는 수업 중에 학생들을 충동한다.

미키 시게오가 말했듯이 생명기억은 분명 우리의 몸속에, 우리가 사용하는 언어 속에 확실하게 존재한다. 하지만 실제로 그런 흔적이 우리 안에 있다는 것을 인정한다고 해서 반드시 보수주의가 되지도, 과거만을 생각하며 살지도 않는다. 오히려 아무리 미래지향적이 된다 하더라도 결국 과거와 이어져 있으니 차라리 안심하고 미래지향적이 되는 게 좋지 않을까. 기억나지 않는 기억이라는 안전기지 위에서 온힘을 다해, 지금까지 그 누구도 생각해낸 적이 없을 것 같은 새로운 것을 지향하면 좋지 않을까.

'아폴로 11호'가 달에 착륙했을 당시 나는 일곱 살이었다. 그때 인류는 달 표면에 기지를 만들고, 호텔을 세우고, 금방이라도 우주여행을 할 수 있다고 생각했다. 그것은 그 무렵 사람들이 안고 있던 밝은 미래에 대한 가상이었다.

이제 와서 미래에 대한 당시의 청사진을 돌아보니 무언가 굉장히 그리운 추억 같은 기분이 든다. 그 그리웠던 미래 역시 그 모든 표현이 과거의 흔적을 끌고다닌다는 사실을 고려하면 피할 수 없는 원리가 있었음을 알 수 있다. 아무리 미래를 지향하고 있는 것처럼 보이는 표현도 움직이기 어렵고 생각나지 않는 과거의 기억을 달고 있다.

닐 암스트롱(Neil Armstrong)이 달에 내려 달 표면에 최초의 한발을 내딛는다. 은색 옷을 입은 사람들이 과거에는 토끼가 떡방아를 찧고 있던 세계를 뛰어넘는다. 그것은 틀림없이 인류가 처음 본 풍경이다. 그럼에도 한편으로는 인류가 경험해온, 생각해낼 수 없는 방대한 기억 속의 무언가와 상당히 닮아 있었을 것이다.

우리는 그때 거인의 어깨를 타고 우주인이 달에 착륙하는 모습을 보고 있었다. 아무리 새로운 현상도 우리에게는 어딘가 그리운 일들이다. 눈부신 미래는 눈 깜짝할 사이에 기억나지 않는 기억 속으로 들어가 과거의 가상 속에 닫혀버린다. 그렇기 때문에 발표 당시에는 전위적이었을 프란츠 카프카(Franz Kafka)의 소설이 어느 사이엔가 먼 옛날의 신화로 변질되는 일이 일어나는 것이다.

'나' '당시' '누구' '실력' '맛' '맛있다' '기쁘다' '즐겁다'

'너' '사랑한다' '손을 잡다' 등. 흔하디 흔한 말 하나하나가 사실은 피라미드와 똑같은 의미에서 역사의 흔적이다. 하나하나의 말에 달려 있는 '생각나지 않는 기억'에 주의를 기울일 때, 그곳에는 나츠메 소세키가 즐겨 말한 '부모님의 삶 이전의 본래면목'이라는 선의 화두 같은 세계가 열린다. 우리가 말을 사용하는 것 자체가 과거 인류의 방대한 체험의 총체다. 따라서 미래지향적인 것과 과거의 역사를 존중하는 것이 모순이 아니라 하나의 삶의 태도가 될 수 있는 것이다.

주(註)

1) 미키 시게오: 생명형태학자로 도쿄예술대학, 도쿄대학 의학부 해부학 교수를 역임했으며, 《태아의 세계 - 인류의 생명기억》 등 다수의 저서가 있다.

2) 후세 히데토: 1990~1994년까지 도쿄대학 의학부 해부학 조교수를 지낸 예술학자이다. 미술평론을 비롯한 폭넓은 분야에서 집필활동을 하고 있다.

3) 고콘테이 신쇼: 1890~1973년에 활동한 일본의 유명한 만담가이다.

8. 가상의 계보

생성에 대한 태도

인간은 자기가 생각하고 있는 것 이상으로 과거의 많은 것들을 짊어지고 있다. 그런 면에서 우리 조상들은 참으로 많은 것을 우리에게 주고 있다. 그런데도 대부분의 아이들은 감사할 줄 모른 채 어른이 되어 사라져버린다. 자기를 낳아준 부모에게도 감사하다는 말을 할 줄 모르는 경우가 비일비재한데, 하물며 학교 선생님이나 여행하면서 만난 사람, 자기가 신세졌던 친척들을 비롯해 자신의 삶 속에서 무언가 빚을 지고 있는 사람들에게 감사의 말을 할 리는 없다.

그럼에도 우리는 틀림없이 과거의 많은 것들을 짊어지고 있다. 감사 인사는 할 줄 몰라도 그것은 누구나 알고 있는 일이다. 과거라는 존재가 없으면 현재가 없는 것처럼, 자신의 존재를 결정적으로 유지해주는 형태로 과거의 많은 것들을 짊어지고 있는 것이다. 우리의 생존은 신체와 환경이라는 '현실 자체'에 결정적으로 의존하고 있다. 동시에 우리는 그것과는 미묘하게 다른 회로에서 과거 조상들이 만들어준 많은 가상을 짊어지고 있다.

 과거의 많은 것을 짊어지고 있다는 사실을 인식하는 것이 반드시 과거에 속박되는 것을 의미하지는 않는다. 역사를 되돌아볼 때 중요한 것은, 예정된 조화의 정적인 행위가 아니라 오히려 자신이 일상 속에서 아무렇지도 않게 의지하고 있는 수많은 현실, 과거 이 지상에 존재하지 않았던 가상의 것들이 무(無)에서 생성되어야 했다는 사실에 대해 진지하게 생각하는 일일 것이다. 즉 내가 그 자리에 있었다고 상상하며 그 생성의 궤적에 나타나는 이 세계의 기적을 그것이 없었던 시점에서 그것이 태어난 후의 시점으로 상기해내는 일이 중요할 것이다.

 현대를 살아가는 우리 또한 그 속에 연결되는 인류의 가상의 계보를 이미 만들어져서 종이 위에 쓰여 있는 고정된 정보로 취하는 것이 아니라, 하나하나의 생성 이벤트와 탄생의 순간에 가상의 계보를 취할 필요가 있는 것은 아닐까? 역사를 돌아보는 우리에게 문제되는 것은 다른 어떤 것보다 생성에 대한 태도라고 생각한다.

 그전까지는 존재하지 않았던 새로운 것이 이 세상에 만들어진다. 그러한 생성의 감동을 잊어버릴 때, 그것들은 우리에게 진부한 표정을 보이기 시작한다. 이 세상에는 진부한 것이 존재하는 것이 아니라 진부하게 바라보는 관점이 있을 뿐이다. 그리고 진부한 관점에서 탈출하기 위한 도약대는 그것이 생성된 순간의 생명의 약동에 있다.

우리는 한 사람도 빠짐없이 생성의 순간의 찬란함을 알고 있다. 믿음직스럽지 못하고 나약한 존재로서 이 세계에 떨어진 순간 잠시 엿본 세상의 아름다움을 '기억나지 않는 기억'으로 자기 안에 감추고 있다.

이미 일상이 되어서 그 존재에 완전히 익숙해지고, 심지어 모두가 함부로 대하고 바보 취급하는 진부한 것일수록 그 생성의 순간을 되돌아볼 가치가 있다. 예를 들어 'TV'는 어떤 기능을 가진 물리적 존재일 뿐만 아니라 특정한 존재감을 가진 재미있는 퀄리아를 우리 마음속에 끊임없이 방사하는 하나의 가상이기도 하다. 이러한 TV의 본질을 알기 위해서는 TV가 탄생했을 당시의 약동을 받아들일 필요가 있다.

오즈 야스지로의 《안녕하세요》 마지막 장면에 '내셔널 TV 고성능 원거리용 14인치'라고 쓰여 있는 커다란 박스가 복도에 놓인 것을 보고 기분이 좋아져 훌라후프를 하는 아이, 역도산이 나오는 프로레슬링을 보려고 길거리 상점에 있는 TV 앞에 모인 군중, 그런 광경 속에 'TV'라는 가상을 만들어낸 생명의 약동이 있다.

돌화살로 사냥을 하던 우리 조상들에 비해 오늘날의 우리는 얼마나 풍부하고 많은 가상에 둘러싸여 살고 있는가. 누가 보더라도 위대한 가상은 그 매력과 위대함에 몰입하게 된다. 문제는 일상생활 속에 넘쳐나는 무언가 부족하고 평범해 보이는 가상들이다.

이러한 수많은 가상이 만들어진 탄생의 현장으로 돌아가 일상생활에 넘쳐나는 '습성'을 초월하며, 과거 그것들이 생성된 순간의 약동으로 보는 것, 무에서 생성된 순간의 감동을 상기하는 그런 작업을 함으로써 우리는 가상의 계보를 석판 위에 그려진 문양처럼 정지된 상태가 아니라, 그것이 만들어진 생성의 약동적인 연속선상에서 바라볼 수 있게 된다. 생성의 연속이라는 원래의 의미에서 역사를 체험할 수 있는 것이다.

유리 겔러의 초능력

1장에서 언급한 고바야시 히데오의 〈믿음과 생각〉이라는 강연 첫머리에는 아주 기묘한 부분이 들어 있다. 그것은 고바야시가 전체 이야기의 맥락을 위해서라며 유리 겔러(Uri Geller)의 초능력에 대해 언급하고 있는 장면이다.

왜 심뇌 문제를 논하는 데 초능력이라는 테마가 들어간 것일까? 우리의 의식이 물질인 뇌에서 만들어진다는 불가사의함을 생각하는 데 굳이 초능력을 언급할 필연성은 없다. 가장 신기한 것은 오히려 일상의 아무렇지도 않은 의식작용 속에 있기 때문이다.

예를 들어 다섯 살 여자아이가 한 번도 본 적이 없는 산타클로스에 대해 동생과 진지하게 이야기를 나누고, 어머니가 돌아가신 며칠 후 산책하다가 본 반딧불을 어머니라고 생각한다.

우리에게 아주 익숙한 그러한 마음작용 속에 의식의 모든 신기한 것들이 들어 있다. 의식의 신기한 본질은 그것이 인과적인 자연법칙과 모순되지 않는다는 점에 있다. 즉 인과적인 자연법칙에 맞는 형태로 이 세계에 출현하는 것이다. 초능력 같은 것이 없어도, 수저가 구부러지지 않아도, 의식이 있다는 것 자체가 신기한 일이다. 경험을 숫자로 바꿀 수 있는 좁은 영역에 국한시켜버린 현대과학은 초능력이 존재하지 않아도 어차피 의식의 신기함을 설명하지 못한다.

나는 초능력 같은 것은 존재하지 않는다고 생각한다. 물질인 뇌가 의식을 만들어내는 신비로움을 해명해내는 것이 라이프워크(lifework)라고 생각하는 사람들에게, 초능력에 대한 논쟁은 오히려 잡음이고 방해가 될 뿐이라고 보고 있기 때문이다. 그래서 〈믿음과 생각〉을 들을 때마다 나는 일종의 위화감을 느낀다. 물론 고바야시가 초능력에 대한 이야기를 중시하고 있는 것은 아니다. 그는 "초능력은 신기할 것도 아무것도 없다"고 잘라 말하고, "신기한 것은 다른 데도 얼마든지 있다"며 본론인 베르그송 철학에 대해 이야기하기 시작한다.

고바야시 히데오는 강연 전에 호텔방에서 연습할 만큼 주도면밀하게 강연을 준비하는 것으로 알려져 있다. 그렇다면 왜 고바야시는 베르그송 철학에서 의식의 문제를 논하는 강연 첫머리에 그런 이야기를 꺼낸 것일까? 나는 이 부분이 계속 궁금했다.

마술의 기원

그런 궁금증을 가지고 강연 테이프를 몇 번씩 반복해서 듣다가 강연 첫머리에서 유리 겔러의 초능력에 대해 언급한 부분이 뭐라 말할 수 없는 약동감으로 가득 차 있다는 사실을 알게 되었다. TV가 배달되자 자신도 모르게 훌라후프를 돌리는 어린아이처럼 그곳에서 생명의 날갯짓을 느낀 것이다.

그리고 유리 겔러의 초능력 이야기가 오즈 야스지로의 영화에 나오는 스기무라 하루코처럼 생명의 약동을 담당하고 있었다는 생각이 들기 시작했다. 그 이야기가 첫 장면에서 나오지 않았으면 마음에 관한 수수께끼를 둘러싼 강연이 조용하고 가라앉은 강연으로 변해버렸을지도 모른다는 생각이 들기 시작했다.

앞서 말했듯이 현대과학에서 인간의 의식은 이른바 '수반현상'이라는 위치를 가지고 있다. 이 세계에 존재하는 물질의 객관적인 양상은 과학이 분명하게 밝혀낸 인과적 법칙으로 기술된다. 물론 우리는 '현실 자체'를 알 수 없다. 우리가 파악할 수 있는 것은 의식 속에 나타나는 '현실 복사'로서의 퀄리아뿐이다. 하지만 그런 '현실 복사'를 통해 알고 있는 '현실 자체'는 아무래도 근대과학이 방정식으로 표현해 온 자연법칙에 따라 움직이는 것 같다. 우리가 의식 속에서 느끼는 수많은 것들, 우리의 의식작용은 그런 '현실 자체'가 시간적으로 어떻게 변화할지에 대해 아무런 영향도 미치지 않는다. 적어도 나에게는 그렇게 보인다.

우리가 의식 속에서 느끼는 것, 생각하는 것은 이 세계의 물질, '현실 자체'에 영향을 주지 않는다. 따라서 유리 겔러가 수저를 만졌다 하더라도 물리적인 힘을 가하지 않는 이상 수저가 구부러지는 일은 없다. 그것이 근대과학이 제시하고 있는 이 세계에서 우리 의식의 위치이다. 그리고 다양한 증거를 바탕으로 나도 그 생각이 옳다고 믿고 있다. 아마 앞으로도 인과적인 자연법칙 자체가 부정되는 일은 없을 것이다. 컴퓨터와 인터넷, 제트기, 휴대폰 등 인과적 법칙을 정밀하게 이용한 수많은 인공물로 둘러싸인 현대를 살아가는 우리는 마음 깊은 곳에서 그렇게 믿고 있다.

그런데 왜 우리는 그 배후에 인과적 법칙으로 유지된 트릭과 재료가 있다는 것을 알면서도 근대과학의 인과적 법칙을 넘어서는 것처럼 보이는 그런 현상에 매료되어 버리는 것일까?

무대 위의 마술사는 아주 어중간하고 기묘한 표정을 짓고 있다. 자신의 신념에 대해 강연하는 것 같은, 자신 있는 신제품을 광고하는 것 같은, 최신 뉴스를 전하는 것 같은, 축하연회에 모인 사람들에게 감사의 뜻을 표현하는 것 같은, 자신이 처한 상황을 확신하고 있는 그런 사람들과는 달리 신기한 표정을 하고 있는 것이다. 자신감이 있으면서도 없는 것 같은, 어딘가 수줍고 겸손한 것 같은, 그러면서도 마음속 깊은 속내를 감추고 있는 것 같은 그런 표정을 하고 있다.

라스베이거스 무대에서 현대를 대표하는 마술사 데이비드 카퍼필드(David Copperfield)를 봤을 때도 그랬다. 카퍼필드가 투명한 상자 속에 갇히고 자물쇠가 채워진다. 보조자가 하얀 보자기를 덮고 그 보자기를 살랑살랑 흔든다. 몇 초가 지난 후 보자기를 살짝 떨어뜨리자 그곳에 번쩍번쩍 빛나는 스포츠카가 나타난다. 문이 열리고 잽싸게 카퍼필드가 등장한다. 그가 '어떻습니까' 하는 표정의 자세를 취하자 사람들은 그에게 박수갈채를 보낸다.

하지만 그 순간에도 카퍼필드의 얼굴은 자신감으로 충만하지도 않았고, 여봐란듯이 행동하지도 않았으며, 마치 장난기로 가득 찬 어린아이처럼 부드럽고 수줍어보였다. 무대 위의 마술사는 어딘가 모르게 소극적이며 결코 강압적이지 않고 자신만만하지도 않다.

수갑이 채워지고 꽁꽁 묶여서 상자 속에 갇힌 마술사가 물속에 가라앉는다. 불길이 솟구치고 가슴이 쿵쾅쿵쾅 뛰는 사이에 마술사가 아주 멋지게 탈출한다. 내가 어렸을 때 히키다 텐코 (引田天功)[1]라는 마술사가 그런 비슷한 트릭을 '대탈출시리즈'라는 특별 TV프로그램으로 만들어 방송했던 것을 기억한다.

카퍼필드와 히키다 텐코를 비롯한 많은 마술사들이 보여준

'탈출마술'의 창시자로 전해지는 사람은 헝가리 태생의 미국인 마술사 해리 후디니(Harry Hudini)이다. 후디니는 정신병원 폐쇄병동에 강제로 입원된 환자들을 보고 탈출시리즈를 생각해냈다고 전해진다. 그 사실을 알고 나서 처음으로 나는 마술이라는 가상예술의 기원에 있었던 절실함의 핵심을 건드린 것 같은 느낌이 들었다.

우리 인간은 물리법칙으로부터 결코 달아날 수 없다. 꽁꽁 묶인 채 상자에 넣어져 바다 밑으로 가라앉혀지면 결코 도망칠 수 없다는 것을 누구나 다 알고 있으며, 그런 일을 당하면 죽을 수밖에 없다는 것도 다 알고 있는 사실이다. 한번 정신병원에 들어가면 여간해서는 빠져 나올 수 없다는 것도 알고, 형무소에 들어가면 한동안은 나오지 못한다는 것도 알고 있다. 또 아무리 염원해도 물리법칙을 무시하고 벽을 뚫고나올 수 없다는 사실도 알고 있다.

그런데 도망칠 수 없는 상황에 놓인 것이 상자 속에 감금되거나 형무소에 수감된 사람들만은 아니다. 자연과 사회 속에서 겉보기에는 자유롭게 숨 쉬고 사는 것처럼 보이는 사람들 또한 인과적인 물리법칙에서 도망칠 수 없다는 점에서는 똑같은 상황에 놓여 있다. 인과적 법칙이 그 근저에 있는 한 우리는 생로병사로부터 필연적으로 도망칠 수 없다. 폐쇄된 공간에 구속된 환자를 본 후디니는 순간적으로 그 사실을 깨달았을 것이다.

인간의 가상은 현실이라는 한계에서 도망쳐 자유롭게 돌아다닐 수 있다. 우리는 어디에도 존재하지 않는 산타클로스를 가상할 수 있고, 뿔 달린 괴물을 가상할 수도 있으며, 영원한 평화가 이어지는 낙원을 가상할 수도 있다. 하지만 자유로운 가상의 세계에서 놀면서도 우리는 자신들이 인과적인 자연법칙에 의해 현실에 묶인 존재일 수밖에 없다는 사실을 알고 있다. 겉보기에는 자유로운 가상도, 뇌 속의 신경세포라는 현실에 의해 유지되지 않으면 단 한순간도 존재할 수 없다. 그런 의미에서 인과적인 자연법칙으로부터 자유롭지 못한 존재라는 사실을 알고 있는 것이다. 가상의 자유는 현실의 부자유와 안과 밖이 하나다. 우리는 이 세계의 현실이 우리의 생명을 유지시키는 중요한 기반이라는 사실을 알고 있으며, 동시에 그 현실이 우리를 묶고 있다는 사실도 알고 있다.

그러한 자유로운 세계에서 우리는 때로 인과적 속박으로부터 정말로 자유로워지기를 절실하게 소원한다. 우리의 의식이 수반현상에 멈추는 것을 그만두고, 이 세계의 현실에 실제로 작용하기를 간절히 희망한다. 가상이 진짜로 현실을 움직이는 기적이 일어나기를 기다리는 것이다.

하지만 우리는 그런 일이 결코 일어나지 않는다는 것을 잘 알고 있고, 그래서 마술을 통하여 순간의 영감에 몰입하는 것이다.

시지프스의 신화

기적은 아무리 가짜라 하더라도 보는 사람들의 마음을 동요시킨다. 속임수가 있다는 사실을 알아도, 이 세계의 근본 질서가 흔들리는 느낌을 받을 때 의식을 가진 사람들은 결코 평온하게 있을 수 없다.

몽상가들의 수줍음은, 사람들이 희구하는 기적의 비전을 무대 위에서 실제로 보여주는 것을 생업으로 삼아도, 최종적으로는 그것이 자유로운 현실에 회수될 수밖에 없다는 사실을 알고 있는 자의 방관적인 미소일 것이다.

알베르 카뮈(Albert Camus)의 《시지프스의 신화》는 신에게 벌을 받아 영원히 바위를 밀어올려야 하는 운명을 가진 한 남자의 이야기다. 산꼭대기까지 밀어올린 바위는 다시 아래로 굴러 떨어지고, 남자는 다시 그 바위를 밀어올려야 된다. 바위는 다시 구르고, 남자는 아무런 결과도 없이 고통으로 가득 찬 노동을 영원히 계속해야만 한다.

두말할 필요도 없이 시지프스가 처한 곤경은 현실의 우리가 처한 상태를 은유적으로 표현한 것이다. 살아 있는 한 우리는 이 세계의 인과적 법칙에 계속 묶일 수밖에 없다. 우리는 결코 자신의 몸이라는 '현실 자체'로부터 자유로워질 수 없다. 꿈속에서 더할 나위 없이 아름다운 밤하늘을 보았다 하더라도 잠에서 깨어난 우리는 변함없이 자유로운 이 지상에 머물고 있다.

카뮈는 그렇듯 고통스러운 환경에 처한 시지프스가 행복해질 수 있겠느냐고 묻는다. 끊임없이 바위를 밀어 올려야 하는 가혹한 운명을 떠나서 자기라는 존재는 있을 수 없다. 그런 운명 자체가 시지프스라는 존재 그 자체다. 카뮈는 이러한 실존을 깨닫고 받아들일 때, 시지프스는 자신이 처한 환경을 행복하게 느낄 수 있다고 말한다.

우리는 한 사람도 남김없이 현실이라는 상처받은 운명 속에 있다. 산타클로스를 꿈꾸던 어린 여자아이도 마침내 자본주의 사회에서는 모든 상품에 가격이 붙여진다는 것을 알게 될 것이며, '공짜 점심' 같은 것은 없다는 사실도 알게 될 것이다. 사람들로부터 서비스를 받기 위해서는 스스로 일해서 돈을 벌어야 된다는 사실을 알게 될 것이고, 못하는 것이 없는 것처럼 보였던 부모님 역시 사회에서 살아가기 위해 고민하는 보통사람이라는 사실을 깨닫게 될 것이다. 결국 부드러운 미소로 아무 대가 없이 사랑을 주는 산타클로스는 이 세상에 존재하지 않는다는 것도 깨닫게 될 것이다.

우리의 영혼은 이 현실세계와의 마찰로 상처받는다. 그리고 그 상처가 치유되는 과정에서 수많은 가상이 방사된다.

예수의 십자가 부활이 한 사람의 트릭스타가 꾸며낸 희대의 '탈출마술'이 아니라고 누가 단언할 수 있을 것이며, 그것이 잘못되었다고 말할 수 있겠는가? 문제는 현실 자체가 아니라 사람들이 그것에 준 가상이다. 완벽한 절대자가 유한하고 불완전하며 죽어야만 하는 인간의 고통을 대신하기 위해 지상에 내려와 준다. 참으로 황당해 보이기까지 하는 가상에 주어진 사람들의 절실한 마음을 누가 부정할 수 있을 것인가. 여기서는 역사적 인물로서의 예수가 있었는지 없었는지, 혹은 예수가 실제로 부활했는지 어땠는지의 여부가 본질이 아니다.

탈출극의 창시자 해리 후디니가 예수의 자손이 아니라고 누가 단언할 수 있을까. 때때로 무의식의 깊은 차원에서는 이 세상의 가장 신성해 보이는 것과 가장 저속해 보이는 것의 기원이 통하는 법이다.

은폐된 기원

우리가 주변에 넘쳐나는 것들 사이의 깊은 관계를 알아차리지 못하는 것은, 그 수많은 것들의 생성 과정 혹은 그 기원이 때때로 감추어져 있기 때문이다.

일상생활 속에 은폐된 수많은 것들의 기원을 알고 그 생성 과정에 주의를 기울일 때, 우리는 자신의 생명 또한 이 세상에 넘쳐나는 생성 가운데 하나의 사례라는 사실을 알게 된다.

우리가 잠에서 깨어나 뇌 속의 1000억 개의 신경세포가 활동하기 시작하면 그곳에서 '우리'의 의식이 태어난다. 피부에 닿는 침대커버와 심장의 고동과 커튼 저편에서 들어오는 햇살과 커피향기 등 수많은 퀄리아로 가득 찬 세계 속에서 '나'가 갑자기 일어난다. 그전까지는 아무것도 없던 상태에서 퀄리아로 가득 찬 우리의 의식이 태어난다. 이 세상의 근본원리가 생성이라는 사실을, 부정할 수 없는 이 사실보다 더 명백하게 보여주는 것은 없다. 물론 생성이 인과적인 자연법칙을 단절시키며 성립되어 있다는 뜻은 아니다. 오히려 생성의 계기는 인과적인 자연법칙 속에 내재되어 있다.

19세기 말 앙리 푸앵카레(Henri Poincaré)가 세 개의 몸으로 이루어진 천체의 운행을 계산해서 '카오스(chaos)' 를 찾아냈고, 20세기 후반 일리야 프리고진(Ilya Prigogine)이 비평형 열역학 하에서 형태형성을 논했으며, 브누아 만델브로(Benoit Mandelbrot)가 자연 속에 넘쳐나는 형태의 배후에서 '프랙탈(fractal)' 이라는 수학적 법칙을 찾아냈다. 그러한 인과적 자연법칙이 전개되는 연상선상에, 우리의 운명을 만들고 의식을 만드는 자연의 생성 경향이 존재한다.

'과학전쟁(Science Wars)' 사건이 상징하는 것처럼 프랑스 포스트모더니즘 철학의 지향성과 인과적 자연법칙에 근거한 과학적 세계관은 궁합이 나쁜 것처럼 보인다. 하지만 과학적 세계관 속에 드러나는 수많은 것들과 그 사이의 관계성을 기술하는 자연법칙을 정적인 것이 아니라 끊임없이 생성하는 것으로 대하면, 우리는 포스트모더니즘적인 지향성과 과학적 세계관이 깊은 차원에서 서로 이어져 있는 것을 찾아낼 수 있다.

그 열쇠가 바로 생성에 대한 태도다. 현대를 살아가는 우리는 생성을 잃어가고 있다. 생성의 문제는 인터넷상에 떠도는 방대한 디지털 정보와 관계 없다. 그리고 일단 디지털 정보가 되어버린 것은 트러블이 생기지 않고 시스템이 존재하는 한 그대로 정지된 채 영원히 존재할 것이다. 이미 만들어진 그러한 정보의 홍수에 빠져서 우리의 눈은 흐려지고 있다.

클로드 섀넌(Claud Shannon)과 앨런 튜링(Alan Turing), 존 폰 노이만(John von Neumann)에 의해 만들어진 정보공학은 창시자들의 지향성과 상관없이 생성을 잘라낸 과학주의의 변형으로서 우리의 정신에 작용한다. 그곳에서는 제반 물질이 어떤 형태로 존재하며, 형태로 존재하는 그 한도 내에서 방법의 대상이 된다. 어디서 나왔는지는 묻지 않는다. 나고 죽고 부패하고 동화되어 마침내 순환되는 생명의 조류는 시야에 들어오지 않는다. 모든 것이 닫힌 채 관리되는 공간 속에서 계속 빙빙 돌고 있다. 그렇게 정지된 정보로 이루어진 시스템에 생명의 숨결을 주고 세계의 생성에 기쁨을 전해주는 것은 태고부터 변함없는 우리의 몸, 뇌뿐이다.

고정된 정보가 넘치는 현대에도 우리는 계속 생성하며 살아간다. 아무리 따분한 생각이 들고 평범하게 보여도, 우리가 의식 속에서 수많은 현실과 가상을 가지고 있는 이상 우리는 계속 생성한다.

지금 존재하는 것을 그 표면상의 드러남에서 취하지 않고 기원에서 취하는 것, 그것이 이 세계에 존재하지 않았을 때부터 태어난 후의 순간으로의 극적인 변화에 마음을 주는 것. 한순간 후에 이 세계가 어떤 모습을 하고 있을지 알 수 없으며, 자신도 어떤 존재로 여기에 서 있을지 모른다는 사실을 믿는 것. 벚꽃을 볼 때, 내년 벚꽃이 필 무렵에 자신이 그것을 보지 못하고, 무언가 전혀 다른 것으로 변해 있을지도 모른다는 그런 각오를 다지고, 자신의 삶과 마주할 때 우리는 가치 있는 무언가를 만들어내기 시작한다. 그리고 태곳적부터 면면히 이어져 내려온 인류의 가상의 계보 속으로 이어질 수가 있다.

생성과 죽음에 대한 각오를 가슴에 품고 벚꽃을 바라볼 때 우리의 표정은 어쩌면 탈출시리즈를 구상한 순간의 후디니와 비슷할 것이다.

주(註)

1) 히키다 덴코: 마술사로, 1960년 도쿄마술단을 조직하여 1963년 니혼TV 대탈출시리즈에서 '수족관 탈출'을 선보여 국민적 인기를 얻었다.

9. 영혼이란 무엇인가

이 세상에서 가장 확실한 존재

근대과학의 세계관은 갖가지 물질로 이루어진 현실세계야말로 이 세상에서 유일하고 확실한 존재라고 보았다.

우리의 몸이 존재하고 뇌가 존재한다. 눈앞의 컵이 존재하고 책상이 존재하고 마당의 나무가 존재한다. 지구가 존재하고 태양계가 존재하고 우주가 존재한다. 그런 물질적 존재가 방정식으로 기술할 수 있는 자연법칙으로 변화하는 것이야말로 이 세계에서 가장 확실한 것이라고 보았다.

한편 우리의 의식은 확실한 존재가 아니었다. 과학적 세계관에서 보면 의식이 존재한다는 것은 쓸데없는 것이며 생각하지도 않았던 일이었다. 잔칫집에서 모두에게 골칫거리밖에 안 되는 친척처럼 가능하면 없는 존재로 치고 싶었다.

의식 속에 숫자로 바꿀 수 없는 각종 퀄리아가 존재한다는 사실, 의식 속에서는 현실세계에 존재하지 않는 수많은 것들을 가상할 수 있다는 사실, 그러한 의식이 나타나는 모든 것을 파악하고 있는 '나'라는 존재가 있다는 사실, 이 경험된 사실들은 '인과적 법칙으로 이루어진 물질적 세계'라는 세계관에서 보면 참으로 기묘한 일이었다. 의식만 없다면 정합적인 세계관이 만들어질 것처럼 보였다. 인간이 의식 같은 것을 가지고 있지 않은 단순한 물질적 존재라면 모든 일이 순조롭게 풀릴 것처럼 보였다. 그래서 과학은 계속해서 의식은 존재하지 않는다고 부정해왔다. 의식의 존재를 인정했다 하더라도 과학적 방법의 대상이 되지 못했으므로, 그것을 언급하는 것조차 금기시 해왔다.

고바야시 히데오를 비롯한 많은 뜻있는 사람들이 그런 방법에 이의를 제기하며 저항해 왔지만, 현대가 '마음의 시대'라거나 '감성의 시대'라는 말은 하면서도 여전히 현대인의 대부분이 물질적 존재야말로 확실한 존재이며, 의식은 애매하고 근거 없는 것이라고 보고 있다는 점은 틀림없는 사실이다. 그리고 그런 귀찮은 일은 생각하고 싶지도 않다는 것이 대부분의 자연스러운 반응일 것이다. 의식이 존재한다는 사실을 과학적 세계관과 정합성을 띤 형태로 설명하기 위해서는 아마도 엄청난 천재의 출현을 필요로 할 것이다. 뉴턴이나 아인슈타인도 비교가 안 될 만큼 어마어마한 지적 능력과 담력을 가진 초인의 출현 말이다.

미국 러트거스대학 철학교수 콜린 맥긴(Colin McGinn)처럼 애당초 인간의 지성은 인지적으로 닫혀 있기 때문에 의식적인 문제를 풀 수 없다고 주장하는 사람도 있다. 어쩌면 그럴지도 모른다. 하지만 아무리 그렇다 하더라도 의식을 가짐으로써 언젠가는 죽어야 하는 우리의 삶과 함께하는 불가피한 절실함으로부터는 도망칠 수 없다.

인간에게 있어서 자기의식의 존재만큼 확실한 것은 처음부터 존재하지 않는다. 오직 물질적 세계만이 확실하다는 근대과학의 세계관은 공공연한 도착이라고 말할 만큼 기묘하게 꼬인 채 성립되어 있다. 현실세계가 없다는 것은 아니다. 현실은 반드시 있다. 하지만 현실 자체는 알 수 없다. 우리가 파악할 수 있는 것은 의식 속의 현실복사일 뿐이다. 그렇다면 이 세계에서 확실한 것은 현실세계가 아니라 의식을 가진 자기 자신뿐이다. 근대 합리주의의 시조인 데카르트의 입장이 바로 이런 것이었다.

아주 조금이라도 의심의 여지가 있는 것은 전부 절대적인 실수로 폐기해야 마땅하며, 그 다음에 우리의 신념 속에 전혀 의심의 여지가 없도록 남아 있는 것은 없는지 판별해야 된다고 생각했다. 이렇게 감각은 때때로 우리를 기만하기 때문에 감각이 상상하게 하는 것은 아무것도 존재하지 않는다고 상정했다. ……우리는 그때까지 자기 정신 속에 들어 있던 모든 것은 꿈속의 환상과 마찬가지로 진짜가 아니라고 가정하기로 했다.

하지만 바로 그후에 다음과 같은 사실을 알아차렸다. 즉 이렇게 모든 것을 거짓이라고 생각하는 그 사이에도, 그렇게 생각하고 있는 나는 필연적으로 어떠한 존재로 있지 않으면 안 된다. 그리고 '나는 생각한다. 그러므로 존재한다'는 진리가 회의론자들의 어쩔 수 없는 생각이라고는 하지만 흔들리지 않을 만큼 확고하고 확실한 것임을 인정하고, 이 진리를 내가 찾고 있던 철학의 제일 원리로서 주저없이 받아들이기로 했다.

-데카르트, 《방법서설》

세계에 관한 지식에 의문을 품고 있을 때, 그곳에 나타난 유일하게 확실한 것은 그렇게 무언가를 생각하고 느끼는 '나' 뿐이다.

그전까지는 막연한 확산에 지나지 않았던 공간에 '데카르트 좌표'를 도입하여, 근대과학에 있어서 계산주의, 시뮬레이션주의의 초석을 다진 데카르트의 출발점이 '나는 생각한다. 그러므로 존재한다'였다. 지극히 단순하다고도 할 수 있는 이 명제의 의미를 우리는 한번쯤 깊이 생각해보아야 할 것이다.

나는 하나의 실체로서, 그 본질 또는 본성은 생각하는 것일 뿐이지 존재하기 위해 어떤 장소도 요구하지 않으며, 어떤 물질적인 것에도 의존하지 않는다. 따라서 나라는 존재, 즉 나를 지금 존재하게 하고 있는 영혼은 몸(물체)으로부터 완전히 구별되고, 게다가 몸(물체)보다 인식하기 쉬우며, 아무리 몸(물체)이 없다 하더라도 완전히 지금 있는 그대로라는 사실에는 변함이 없다.

-데카르트, 《방법서설》

데카르트는 이렇게 영혼과 물체의 이원론에 이르러서야 신의 존재증명에 이르게 된다. 현대를 살아가는 우리는 데카르트의 명제 가운데 신은 물론 영혼까지 완전히 잊어버리고, 다만 물질의 움직임에 착안하여 물질적 합리주의를 내세웠다.

하지만 오늘날 우리가 데카르트의 '방법론적 회의'의 길을 걷게 된다면, 그곳에 '영혼'이라고 부를 수 있을지는 별도로 치더라도, 의식을 가지고, 숨을 쉬고, 떨고, 수많은 것을 느끼고 있는 '나'가 존재한다는 것을 찾아낼 것이다. '영혼(ame)'이라는 말이 가진, 세계에 단 하나밖에 없는 '나'라는 존재의 무엇과도 바꿀 수 없는 소중함의 뉘앙스를 재발견할 것이다.

'나'가 '지금, 여기'에 있는 것만큼은 의심할 수 없는 사실이다. 물질이나 세상은 나중의 일이다. 모든 세상 속에서 의식을 가지고 숨을 쉬고 있는 '나'의 '영혼'이 있는 것 이상으로 확실한 것은 없으며, 내 영혼의 행복 이상 소중한 것은 없다는 것쯤은 이미 알고 있는 사실이 아니던가.

오늘날 뇌과학의 지식에 따르면 '영혼'은 전두엽을 중심으로 한 신경세포의 네트워크에 의해 만들어진다. 물질이라는 측면에서 보면 내 영혼을 만들고 있는 것에 신비한 것은 아무것도 없다. 신경세포 하나하나를 잘라내어 배양접시 위에 놓아두어도 그곳에 '내' 영혼은 없다. '영혼'은 뇌 속 1000억 개의 신경 세포의 관계성에서 만들어진다. 하지만 어떻게 그런 것이 가능한지는 근대과학의 최고 성과를 가지고도 도대체 감을 잡을 수가 없다. 오늘날 세계 최고의 지성을 모아도 단서조차 찾을 수 없다. 아무리 뇌가 복잡하다고는 하지만 어떻게 단순한 물질이 뇌라는 시스템에 맞춰지면 그곳에 '영혼'이 생기는지, 감을 잡을 수가 없다. 감을 잡을 수 없다는 것은 근대과학의 방법에 근본적인 잘못이 있다는 것을 의미하는 것은 아닐까? 중대한 착오가 있음을 의미하는 것은 아닐까?

실제로 근대과학의 방법에는 근본적인 결함이 있다. 철학과 인지과학에 종사하면서 의식 문제를 진지하게 다루고 있는 사람들은 이미 옛날부터 이런 사실을 눈치 채고 있었다. 이들은 임금님이 벌거숭이라는 사실을 알고 있었지만 어쩔 수가 없었다. 객관적인 물질의 행동을 예측하기 위해서는 근대과학의 방법만큼 도움되는 것이 없기 때문이다. 컴퓨터와 제트기를 조립하는 데 이보다 효과적인 방법은 없다.

만약 현대를 살아가는 우리가 진실로 의식의 기원을 이해하기 원한다면, 다시 한번 데카르트의 길을 걷지 않으면 안 된다. 우리가 가지고 있는 세계에 대한 지식 가운데 불확실한 것을 버리고, 진실로 의심할 수 없는 사실에 입각해서 다시 한번 세계에 대해 생각해보아야 할 것이다.

방법론적 회의의 길을 걷는 현대의 우리는 데카르트와 마찬가지로 그곳에서 의심의 여지가 없는 자신의 '영혼'을 찾아낸다. 그러므로 의심할 수 없는 자기 '영혼'의 존재에 입각해서 이 세계의 존재 방법에 대해 생각하고 자신의 삶을 생각하며, 자신의 영혼에 가까이 다가가는 수밖에 없다.

타인의 영혼

물론 영혼의 재발견을 통해 이 세계의 실재로 복귀하는 길은 밝지도 않고 쉽지도 않다. 근대를 살아온 우리의 조상이 그 정도로 어리석지는 않았을 것이다. 결코 그 자체를 알 수는 없더라도 현실 자체는 존재한다. 내 눈 앞의 컵이 내 마음속에 생기는 복사의 배경에 반드시 존재한다. 그것을 조건으로 받아들였을 때, 근대와 완연히 다른 길이 있는지의 여부는 알 수 없다.

  이 세계에는 나만 있는 것이 아니다. 타인과 타인의 영혼도 반드시 존재한다. 물론 타인의 영혼이 하늘을 붕붕 날아다니고 있다는 것은 아니다. 내가 스스로의 경험을 되돌아보고 그 경험의 숲을 헤치고 들어가 의심의 여지가 없는 것을 탐구하고 추적했을 때 그곳에서 '나'를 찾아낼 수 있는 것처럼, 타인도 스스로의 경험을 해부하였을 때 반드시 그곳에서 '나'를 찾아낼 것이라고 생각하는 것일 뿐이다. 수많은 것들을 느끼면서 과연 제대로 살아남을 수 있을까, 행복해질 수 있을까, 두려운 눈과 비통한 눈을 마주치지나 않을까 떨고 있는 '나'의 의식의 절실함과 똑같은 무엇인가가 타인에게도 있을 것이라고 추측하는 것일 뿐이다.

공자가 말하는 '측은지심(惻隱之心)'이란 아마 타인의 영혼에 대한 그러한 배려에서 시작되고 필시 그것으로 끝날 것이다. 추측한다고는 하지만 나와 타인은 절대적인 의미에서 단절되어 있다. 내 안에 나타나는 타인의 영혼이란, 내 의식 속에 만들어진 가상에 지나지 않는다.

가상이라고 해서 그곳에 리얼리티와 절실함이 없는 것은 아니다. 또한 현실이라고 해서 확실한 것도 아니다. 어차피 현실 자체는 알 수 없다. 타인의 영혼 자체를 알 수 없는 것과 똑같은 것이다. 알 수 없다고 해서 자신 속에 나타나는 타인의 영혼이 리얼리티가 없는 것도 아니다.

할머니의 영혼은 있습니다. 하늘하늘 밖을 돌아다니고 있는 것은 아니지만, 내가 '할머니 도와줘요'라고 외치면 반드시 그곳에 할머니의 영혼이 있습니다.

−〈믿음과 생각〉

고바야시 히데오가 반딧불에서 본 것은 바로 그런 의미에서의 어머니 영혼이었을 것이다. 세계의 단절을 알고 그 단절에 마음을 주는 것은, 우리가 세계를 감지하고 타인과 교류하는 유일한 단서는, 결국은 자기 안에 생기는 가상에만 있다.

우리 안에 나타나는 타인의 영혼에 대한 가상이 할머니와 할아버지 등 자신이 직접 아는 사람의 경우일 뿐이라고 한정할 수는 없다.

아이의 영혼은 반드시 어딘가에 있습니다. 내가 그런 이야기에 감동하면 반드시 그곳에 있어요.
―〈믿음과 생각〉

야나기다 구니오의 《산의 인생》 서문에 있는 나무꾼과 그 자식들의 비참한 운명을 소개한 후에 고바야시 히데오는 청중인 학생들에게 그렇게 말한다. 물론 고바야시가 그 불행한 아이들을 직접 아는 것은 아니다. 실존했던 아이들이라고 확신하는 것도 아니다. 그래도 그 아이들의 영혼이 있다고 확신한다. 위험한 생각인 것 같지만 꼭 그렇지만은 않다.

세상의 단절을 아는 사람에게 타인의 영혼이란 원래 그런 것이다. 가장 친한 사람, 사랑하는 사람의 영혼조차 '내' 안에서는 하나의 가상에 지나지 않는다. 그 가상이 실재했던 인물의 영혼인지 가공인물의 영혼인지는 상관없다.

세이쇼나곤의 《마쿠라노소시》를 읽고 감동할 때, 세이쇼나곤의 영혼은 반드시 그곳에 있다. 《그로부터》를 읽고 마음이 흔들렸을 때, 다이스케의 영혼은 그곳에 있다. 《다케구라베》를 읽고 그 애절함에 눈물이 날 때, 우리의 마음속에는 반드시 미도리의 영혼이 나타난다.

　이것은 신비주의가 아니다. 외부 세계와 나 사이에, 나와 타인의 사이에 절대적인 단절이 있는 세계의 존재를 받아들이고, 그래도 내가 세계에 대해 알고 있는 타인과 교류라는 기초를 실제로 고찰할 때 세이쇼나곤의 영혼도, 다이스케의 영혼도, 미도리의 영혼도, 할머니와 할아버지의 영혼도 전부 똑같은 권리를 가지고 그곳에 존재한다는 사실을 이해하게 될 것이다.

　그렇게 해서 자기 마음 안에 나타나는 타인의 영혼들을 얼마나 절실한 존재로 자기 안에 나타낼지는, 한마디로 그 사람의 의식적인 또는 무의식적인 선택에 달려 있다.

영혼과 현실의 틈새

물론 우리가 영혼의 세계만으로 살아가는 것은 아니다. 우리는 현실세계를 살아가지 않으면 안 된다. 눈을 감고 있어도 세계는 우리의 존재를 눈감아주지 않는다. 우리는 전쟁이 끊이지 않고, 사람들의 소원이 이루어지지 않고, 악행이 저질러져도 벌받지 않고, 그것을 눈감아주는 일도 적지 않은 무시무시한 현실 속에서, 그래도 자신과 타인의 행복을 한없이 배려하며 살아가야만 한다.

　우리 모두에게 자기 영혼의 행복만큼 귀한 것은 없다. 하지만 세계는 개별적인 영혼의 행복 따위는 안중에도 없다. 거기에

악의가 있어서 그러는 것은 아니다. 그저 인과법칙에 따른 물질계의 진행이 있을 뿐이다. 사마천이 '천도시비(天道是非)'를 외쳤을 때, 그의 진짜 적은 하늘도 아니고 악한 자도 아니었다. 그 적은 우리 영혼의 행복을 배려하지 않고 무자비하게 계속되는 이 세계의 인과적 진행이었다.

그저 이 세계의 물질 변화를 기술하는 방정식이 있을 뿐이다. 그 방정식에 따라 소혹성이 지구에 부딪히면 공룡이 멸종된다. 그 방정식에 따라 팔을 아래로 내리치면 자비를 구하는 인간의 머리가 날아간다. 그 방정식에 따라 사람들은 서로를 배신하고 으르렁거리며 미워한다. 우리 영혼의 행복을 배려하고 그 영혼이 불행해지는 길은 교묘하게 피해서 간다. 그런 인과적 법칙은 가능했을지도 모른다. 누군가의 행복이 타인의 불행이 되는 불균형이 아니라 예정된 대로 모든 영혼이 조화롭게 행복을 얻는 형태로 세계를 설계하는 일도 어쩌면 가능하였을지 모른다.

만약 신이 존재한다면, 신은 왜 그런 형태로 세계를 설계하지 않았을까?

이 세계를 살아가는 이상, 우리의 영혼은 실망과 의외, 찢어지는 아픔을 피할 수 없다. 그런 가운데 우리의 영혼은 아름다움과 행복을 꿈꾼다. 모차르트의 《마적》에서 악한 자가 아름다운 방울소리를 듣고 '이 얼마나 아름다운 울림인가'라며 춤추는 장면이 감동적인 것은, 그런 아름다움과의 접촉이 이 세계에서는 희귀하다는 사실을 우리가 잘 알고 있기 때문이다. 세계가 때 묻지 않은 순수함을 얻는 '마법의 방울' 시간은 눈 깜짝할 사이에 지나가고, 실제적인 뒤처리 시간만이 남겨진다.

역설적이지만 현실과의 접촉에서 일어나는 마찰, 그곳에서 얻는 상처야말로 우리 영혼의 양식이다. 우리의 영혼이 느끼는 모든 것은 현실세계와 상호작용하는 뇌의 신경활동에 의해 만들어진 것이다. 그 상호작용 속에 '마법의 방울'도 있고 '천도시비'도 있다.

만약 영혼이 플라톤적 세계에 속한 것이라면, 우리는 플라톤적 세계의 소식을 현실세계와 접촉을 통해서만 알게 된다. 데카르트의 이원론이 옳다하더라도 우리의 영혼은 여전히 현실적인 세계와 플라톤적 세계 사이의 이중 국적자다.

물질인 뇌에 의식이 깃든다. 이 불가사의한 사실 속에 인간의 기쁨과 슬픔의 모든 원천이 있는 것이다.

가상을 살다

만약 우리가 의식 속에서 느끼는 가상이 현실과의 접촉에서 상처받는 우리의 영혼을 치유하기 위해 설계되었다면, 신은 참 순진한 짓을 한 것이다.

다섯 살 여자아이의 산타클로스부터 임종을 맞이하는 파우스트의 '영원한 여성적인 것'까지, 우리 영혼은 이 세계 어디에도 존재하지 않는 것들을 생각하지 않고서는 이 세상의 현실을 견디지 못할 것이다.

　우리의 운명을 받쳐주고 이 세상의 리얼리티를 받쳐주는 것, 몸과 외부세계라는 현실 자체와 내 영혼 속에 나타나는 것 또한 가상이라면 우리는 가상을 살아갈 수밖에 없다. 플랑드르 지방에서 만들어졌다는 그 유명한 〈일각수(유니콘)를 데리고 있는 부인〉의 태피스트리는 어딘가 슬프다. 그러면서도 마음을 매료시켜 놓아주지 않는 무엇인가가 있다. 자유롭게 들판을 뛰어놀던 일각수는 붙잡힌 몸이 되어 둥근 울타리 속에서 멀리 있는 무엇인가를 보고 있다. 일각수의 운명이 자신의 운명에 겹쳐진다.

　우리 영혼의 고향이, 예를 들어 플라톤의 이상향이라 해도 우리는 인과적 현실 속에 붙잡혀 있다. 살아 있는 한 1리터의 뇌내현상 속에 붙잡혀 있다.

　하지만 우리의 마음속에 떠오르는 가상은 한계가 없다. 가상세계 속에서 우리는 제대로 보면 어지럼증이 일 정도의 무한과 마주하고 있다.

　그 무한 속에 산타클로스가 있고, 겐지 이야기의 슬픔이 있고, 나가시마 시게오다움이 있고, 후디니의 탈출마술이 있고, 데데킨트의 단절이 있으며, 이졸데의 사랑의 죽음이 있고, 인류가 이어온 가상의 계보가 무한 공간 속에서 흔들리고 있다.

　유한한 현실세계와 무한한 가상세계의 양쪽을 살아가는 것이 인간의 운명이라면, 우리는 그 이중상황에서 길어 올릴 수 있는 기쁨을 감사하는 마음으로 맛보아야 할 것이다.

우리는 수많은 가상에 이끌려 현실세계를 살아가고 마침내 죽어간다. 그 앞에 무엇이 있을지는 아무도 모른다.

후기 | 현실의 한계 너머 펼쳐진 가상세계

"《생각하는 사람》이라는 잡지를 창간하는데 글을 한번 써보시지 않겠습니까?"

2002년 초, 신조사(新潮社) 사람들이 찾아와 그런 말을 했을 때, 나는 그 일이 이런 결과를 가져오리라고는 미처 생각하지 못했다. 당시 나는 아서 웨일리의 영역본 《겐지 모노가타리》를 읽고 있었다. 인간의 영혼에게는 현실과 마찬가지로, 현실 어디에도 존재하지 않는 가상의 세계가 소중하다. 무라사키 시키부가 자아낸 이야기에 빠지면서 매일같이 그런 것을 생각하고 있을 때였다.

연말 공항식당에서 "산타클로스가 있을 거 같아 없을 거 같아?"라는 옆 테이블에 있던 여자아이의 목소리를 들은 지 한 달이 지나고 있었다. 어느 날 출판사 사람들과 이야기를 하던 중에 빅토르 에리스(Victor Erice) 감독의 《벌집의 정령》이 화제에 올랐다. 그때 한 사람이 "안나가 프랑켄슈타인을 진짜로 만나는 그 장면이 참 좋았다"고 말했던 것이 마치 어제 일처럼 선명하게 기억된다. 만약 '산타클로스가 있는가' 라는 여자아이의 소박한 질문을 듣지 못했다면, 또 출판사 사람들이 그때 나를 방문하지 않았다면, '가상의 계보' 라는 타이틀로 이 책의 원형이 되는 첫 문장을 쓰지도 않았을 것이다.

 가상에 대한 나의 절실함이 매일처럼 바쁜 일상에 쫓겨 무의식 속에 남아 있다가 그대로 잊혀졌다면, '뇌와 가상' 으로 제목을 고치고 인간의 뇌가 만들어내는 의식의 신기한 성질을 '가상' 이라는 시점에서 책으로 엮어내지는 못했을지 모른다.

지금 이렇게 《뇌와 가상》에 대한 생각을 쓰고 나니, 그것이 현시점까지의 완결인 동시에 출발점이라는 생각이 든다. 지하철에서 연구테마를 메모하다가, 지하철의 '덜커덩' 거리는 소리의 질감이 기존 과학의 수량화라는 접근만으로는 부족하다는 생각이 들면서 '퀄리아' 라는 문제의식에 눈뜬 지 10년이 지났다. 그 사이에 사고의 흐름이 '퀄리아' 에서 '가상' 으로 진행된 것은 필연이었는지 모른다. 이 시점에서 가상에 대한 사색을 이런 형태로 정리할 수 있게 되어 진심으로 감사한다.

 IT(정보기술)가 모든 정보를 집적하고 있는 것처럼 보이는 오늘날, 가상의 성립에 대한 진지한 생각은 중요한 의미가 있다. 눈에 보이지 않는 것의 존재를 염두에 두고 생명력을 불어넣는 것이야말로 인간 영혼의 생사와 관련된 것이다.

어떤 연유에서인지는 모르지만 인간은 의식이라는 존재를 갖게 되었다. 현대과학도 여전히 의식의 기원을 밝혀내지 못하고 있다. 의식은 현실에 유래하면서도 현실에 한정되지 않는다. 과학의 한계를 넘어 의식의 속성에 다가가기 위해서는 '현실'을 떠나볼 필요가 있다. 현실의 한계를 넘어서면 그곳에 무한한 가상공간이 펼쳐진다. IT 전성시대인 현대에도 우리는 말이라는 형태로, 또는 말이 되지 않는 사념과 감각이라는 형태로 태곳적부터의 가상의 계보를 이으며 펼치고자 한다. 인터넷 상에 디지털 데이터로 드러나는 정보는 인간의 정신이 마주하고 있는 가상의 극히 일부분에 지나지 않는다.

아이들의 옛날이야기부터 겐지 모노가타리까지, 뇌라는 물질 덩어리에서 방사되는 가상세계가 이토록 크게 펼쳐진다는 것은 참으로 놀라운 일이 아닐 수 없다.

현대는 지(知)의 왕권이 비어 있는 시대다. 사회의 부분적 문제를 다루는 눈치 빠른 말은 있어도 주관적 체험의 기원에서 우주의 물리적 성립까지를 포함해, 세계 존재 전체를 받아들이는 뜻은 쇠퇴하고 있다. 근대에 지적 왕좌를 차지했던 과학은 '지금, 여기' 라는 인과성에 국한시킨 설명 원리는 제공하지만, 우리 의식의 기원은 물론이고 가상세계의 존재기반도 설명하지 못한 채, 단순한 테크놀로지의 지식으로 변해버리고 말았다. 데카르트 이후의 근대주의는 방법론적 곤경에 빠져 끝을 맞이하고 있는 것이다.

근대의 끝에 무엇이 올 것인가? 그 답의 열쇠는 어린 여자아이의 '산타클로스는 존재하는가'라는 소박한 질문 속에 감추어져 있다는 생각이 든다. 적어도 나는 그렇게 생각한다. 그 생각의 결정체가 바로 이 책이다.

《생각하는 사람》에 연재한 '가상의 계보'를 이렇게 한 권의 책으로 정리하기 위해서는 대폭적인 가필과 전체구성을 생각해 볼 필요가 있었다. 그 과정에서 많은 신세를 진 출판사 식구들에게 감사드린다.

2004년 한여름
모기 겐이치로

옮긴이의 글 | 우리는 뇌가 만들어내는 가상 속에 살아간다

만약 당신이 한번쯤 산타클로스라는 존재에 대해 의심한 적이 있다면, 가상과 현실에 대해 혼란스럽거나 고민한 적이 있다면 이 책을 읽어보라. 저자인 모기 겐이치로(茂木健一郎)는 우리가 어린 시절 한번쯤 가져봤을 '산타클로스는 존재하는가?'라는 물음을 통해 '질감의 세계'에 대해 이야기한다. 그리고 그 질감의 세계를 규명하기 위하여 '1000억 개의 신경세포로 구성된 뇌'라는 현실이 어떻게 가상을 만들어내고 그 가상을 의식화시키는지를 탐구하기 시작한다. 그는 우리에게 너무나도 익숙한 빨강이라는 빛깔과 소설의 장면들, 자신과 똑같은 문제를 두고 처절하게 고민했던 철학자들의 논리를 통해 이를 철저하게 파헤친다.

'산타클로스는 존재하는가?'라는 저자의 물음에 대해 대부분의 사람들은 아마 어린 시절부터 지금까지 부모님이나 친구, 선생님, 수많은 책과 인터넷을 통해 이미 만들어진 인스턴트식

품 같은 대답을 하게 될 것이다. 그럴 수밖에 없는 것이, 우리의 의식은 눈에 보이는 물질적 존재의 삶에 너무나 길들여져 살아가기 때문이다. 우리가 저자의 물음에 답할 수 있는 것은, 치열한 사고과정을 통해 그 물음이 지식으로 정리되고 그것을 의식적으로 수용하게 될 때이다. 그러나 이조차도 저자와 동일한 답을 낼 수는 없다. 그의 말처럼 "우리는 자기가 보고 있는 빨강이 타인이 보고 있는 빨강과 똑같다고 확인한 적이 없으며, 자기 의식 속의 말의 의미에 대한 이해가 타인의 의식 속의 말의 의미에 대한 이해와 똑같다고 확인한 적도 없기 때문이다."

우리가 흔히 '의식할 수 있는' 또는 '의식하는 것들'은 빙산의 일각에 지나지 않는다. 눈에 보이는 빙산은 전체 크기의 10~20퍼센트에 지나지 않는다. 나머지 80~90퍼센트는 보이지 않는 물속에 잠겨 있다. 우리가 인식할 수 있거나 지각할 수 있는 10~20퍼센트를 제외하면 나머지 80퍼센트는 의식하지 못하는, 즉 무의식에 속한다. 모기 겐이치로는 이 무의식 층에 존재하는 것들을 논리적이고 합리적인 답을 낼 수 있는 의식 층으로 끌어올리고자 한다.

우리라는 주관적 자아는 다른 사람들의 주관적 자아와 절대로 일치할 수 없다. 왜냐하면 나라는 주관적 자아는 다른 사람 또는 외부에 있는 것들을 바라볼 때 객관적인 하나의 대상으로서 바라보기 때문이다. 그러나 안타깝게도 우리의 삶은 객관적으로 바라보는 나의 주관조차도 마음에 집착하며 그 마음이 만들어낸 가상 안에 갇혀 산다.

　모기 겐이치로는 "다섯 살 여자 아이의 산타클로스부터 임종을 맞이하는 파우스트의 영원한 여성적인 것까지, 우리의 영혼은 이 세계 어디에도 존재하지 않는 것들을 생각하지 않고서는 이 세상의 현실을 견디지 못할 것이다"라고 지적한다. 그리고 "우리의 운명을 받쳐주고 이 세상의 리얼리티를 받쳐주는 것, 몸과 외부세계라는 현실 자체와 내 영혼 속에 나타나는 것 또한 가상이라면 우리는 가상을 살아갈 수밖에 없다"고 이야기한다. 우리의 의식은 "구마모토보다 동경이 넓고 동경보다 일본이 넓다. 그리고 일본보다 머릿속이 넓다"는 그의 지적처럼 방대하다. 그러나 기억하라. 그 방대하기 그지없는 우리의 머릿속도 결국은 나라는 한 개체가 가진 상상력의 한계 안에서만 존재한다는 사실을.

2007년 2월
손성애

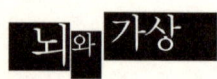

초판 펴낸 날 2007년 2월 23일   초판 펴낸 날 2007년 3월 5일

지은이 모기 겐이치로
옮긴이 손성애
펴낸이 변동호
출판실장 옥두석 | **책임편집** 이선미 | **디자인** 김혜영 | **마케팅** 김현중 | **관리** 이경아

펴낸곳 (주)양문 | **주소** (110-260)서울시 종로구 가회동 170-12 자미원빌딩 2층
전화 02.742-2563~2565 | **팩스** 02.742-2566 | **이메일** ymbook@empal.com
출판등록 1996년 8월 17일(제1-1975호)
ISBN 978-89-87203-83-6 03400   잘못된 책은 교환해 드립니다.